# 乙種第4類
## 危険物取扱者
# 一問一答問題集

コンデックス情報研究所［編著］

成美堂出版

# 本書の使い方

本書は、乙種第４類危険物取扱者試験によく出題される内容に重点をおき、レッスンごとに重要項目の解説、一問一答問題の構成で効率的に勉強ができるようにまとめました。付属の赤シートを上手に活用し、合格を目指しましょう！

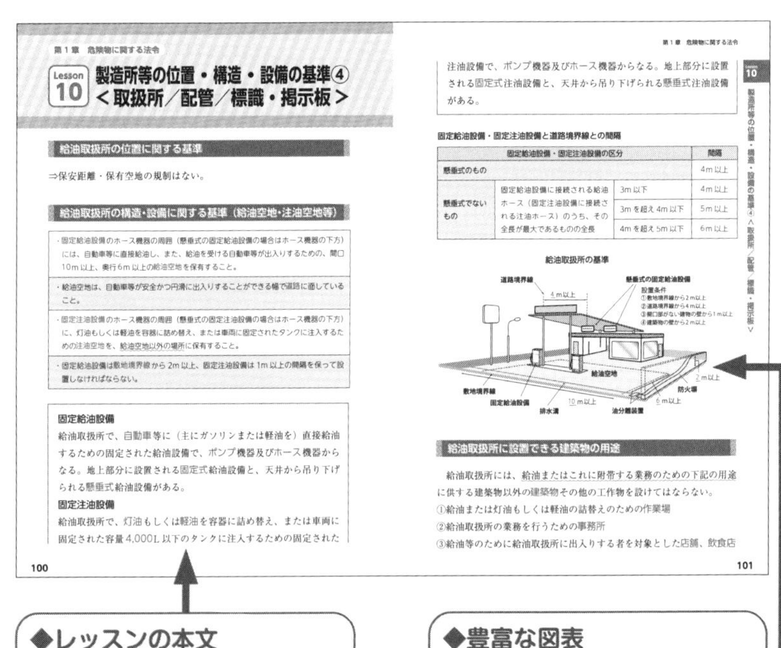

第１章　危険物に関する法令

Lesson 10 製造所等の位置・構造・設備の基準④ ＜取扱所／配管／標識・掲示板＞

**給油取扱所の位置に関する基準**

⇒保安距離・保有空地の規制はない。

**給油取扱所の構造・設備に関する基準（給油空地・注油空地等）**

・固定給油設備のホース機器の周囲（懸垂式の固定給油設備の場合はホース機器の下方）には、自動車等に直接給油し、また、給油を受ける自動車等が出入りするための、間口10m以上、奥行6m以上の給油空地を保有すること。

・給油空地は、自動車等が安全かつ円滑に出入りすることができる幅で道路に面していること。

・固定注油設備のホース機器の周囲（懸垂式の固定給油設備の場合はホース機器の下方）に、灯油もしくは軽油を容器に詰め替え、または車両に固定されたタンクに注入するための注油空地を、給油空地以外の場所に保有すること。

・固定給油設備は敷地境界線から2m以上、固定注油設備は1m以上の間隔を保って設置しなければならない。

**固定給油設備**
給油取扱所で、自動車等に（主にガソリンまたは軽油を）直接給油するための固定された給油設備で、ポンプ機器及びホース機器からなる。地上部分に設置される固定式給油設備と、天井から吊り下げられる懸垂式給油設備がある。
**固定注油設備**
給油取扱所で、灯油もしくは軽油を容器に詰め替え、または車両に固定された容量4,000L以下のタンクに注入するための固定された注油設備で、ポンプ機器及びホース機器からなる。地上部分に設置される固定式注油設備と、天井から吊り下げられる懸垂式注油設備がある。

100

第１章　危険物に関する法令

**固定給油設備・固定注油設備と道路境界線との間隔**

| 固定給油設備・固定注油設備の区分 | | | 間隔 |
|---|---|---|---|
| 懸垂式のもの | | | 4m以上 |
| 懸垂式でないもの | 固定給油設備に接続される給油ホース（固定注油設備に接続される注油ホース）のうち、その全長が最大であるものの全長 | 3m以下 | 4m以上 |
| | | 3mを超え4m以下 | 5m以上 |
| | | 4mを超え5m以下 | 6m以上 |

給油取扱所の基準



**給油取扱所に設置できる建築物の用途**

給油取扱所には、給油またはこれに附帯する業務のための下記の用途に供する建築物以外の建築物その他の工作物を設けてはならない。
①給油または灯油もしくは軽油の詰替えのための作業場
②給油取扱所の業務を行うための事務所
③給油等のために給油取扱所に出入りする者を対象とした店舗、飲食店

101

Lesson 10 製造所等の位置・構造・設備の基準④＜取扱所／配管／標識・掲示板＞

**◆レッスンの本文**
各テーマの内容をわかりやすく解説しています。

**◆豊富な図表**
図版や表を使って、内容の理解度をアップしましょう！

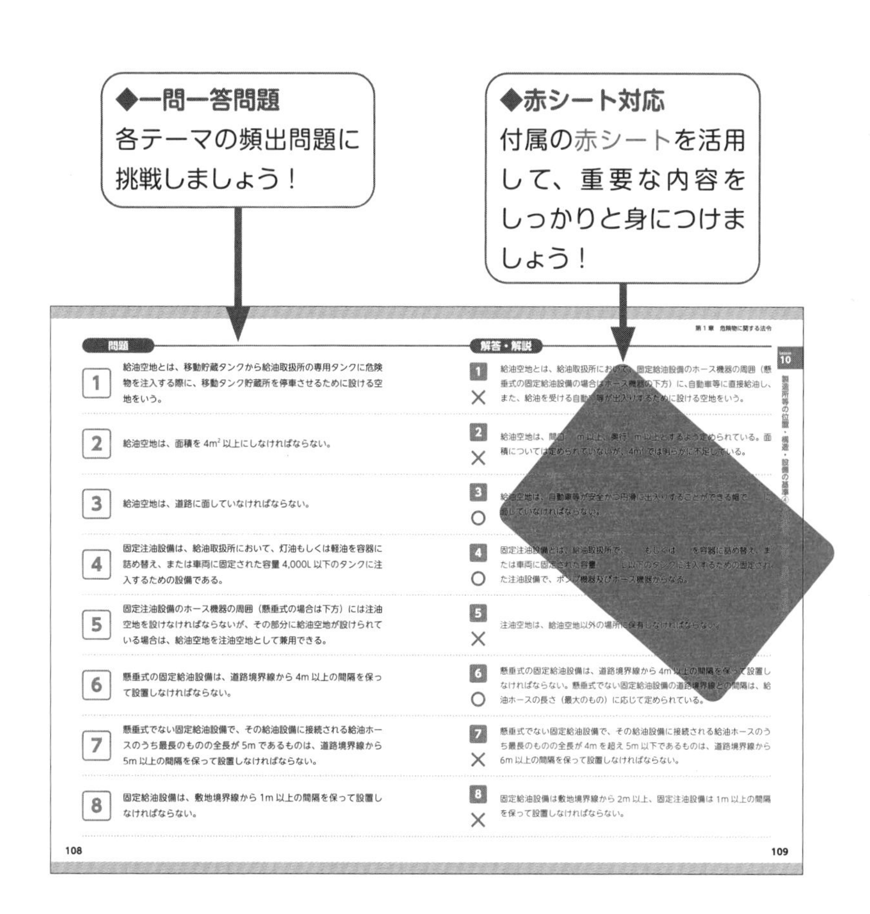


※本書は、原則として2023年4月時点での情報により編集しています。

# CONTENTS

## 第２章　基礎的な物理学及び基礎的な化学



## 第３章　危険物の性質並びにその火災予防及び消火の方法

# 試験ガイダンス

※ p.6 ～ 7 の情報は編集時のものです。変更される場合がありますので、受験される方は、必ずご自身で最新情報を確認してください。

**●危険物取扱者とは**

一定数量以上の危険物を貯蔵し、または取り扱う化学工場、ガソリンスタンド、石油貯蔵タンク、タンクローリー等の施設には、危険物を取り扱うために必ず危険物取扱者を置かなければいけません。

**●危険物取扱者免状の種類**

危険物取扱者は消防法に基づく国家資格です。資格の種類には、甲種、乙種第 1 類～第 6 類、丙種があり、それぞれ取り扱うことができる危険物が定められています。

| 免状の種類 | | 取扱いのできる危険物 |
|---|---|---|
| 甲種 | | 全種類の危険物 |
| 乙種 | 第 1 類 | 塩素酸塩類、過塩素酸塩類、無機過酸化物、亜塩素酸塩類、臭素酸塩類、硝酸塩類、よう素酸塩類、過マンガン酸塩類、重クロム酸塩類などの酸化性固体 |
| | 第 2 類 | 硫化りん、赤りん、硫黄、鉄粉、金属粉、マグネシウム、引火性固体などの可燃性固体 |
| | 第 3 類 | カリウム、ナトリウム、アルキルアルミニウム、アルキルリチウム、黄りんなどの自然発火性物質及び禁水性物質 |
| | 第 4 類 | ガソリン、アルコール類、灯油、軽油、重油、動植物油類などの引火性液体 |
| | 第 5 類 | 有機過酸化物、硝酸エステル類、ニトロ化合物、アゾ化合物、ヒドロキシルアミンなどの自己反応性物質 |
| | 第 6 類 | 過塩素酸、過酸化水素、硝酸、ハロゲン間化合物などの酸化性液体 |
| 丙種 | | ガソリン、灯油、軽油、重油などの引火性液体 |

## ●受験の手続き

### ◆問い合わせ先

一般財団法人 消防試験研究センター
各道府県支部（東京都は中央試験センター）
ホームページ：https://www.shoubo-shiken.or.jp/

### ◆受験案内・受験願書等の入手先

受験案内、受験願書等は、下記の場所にて無料で配布しています。

| 受験案内、受験願書の入手先 | |
|---|---|
| 各道府県 | （一財）消防試験研究センター各道府県支部及び関係機関・各消防本部 |
| 東京都 | 東京都（一財）消防試験研究センター本部・中央試験センター・都内の各消防署 |

### ◆試験地

現住所・勤務地にかかわらず、希望する都道府県で受験できます。

### ◆試験日

試験は年に複数回、都道府県単位で行われています。試験の時期や回数は都道府県により異なります。必ず、（一財）消防試験研究センターのホームページや受験を希望する都道府県支部で確認してください。

### ◆受験の申請

申請方法は「書面申請（願書の提出による申請）」と、インターネットを通じて消防試験研究センターのホームページから申し込む「電子申請」があります。いずれも、受験を希望する支部に、指定された受付期間内に申請しなければなりません。

## 凡 例

**法令**：消防法、危険物の規制に関する政令または危険物の規制に関する規則
**政令**：危険物の規制に関する政令
**告示**：危険物の規制に関する技術上の基準の細目を定める告示

**製 造 所 等**：製造所、貯蔵所または取扱所
**市町村長等**：市町村長、都道府県知事または総務大臣
**所 有 者 等**：所有者、管理者または占有者

**液体**：1 気圧において、温度 20 度で液状であるものまたは温度 20 度を超え 40 度以下の間において液状となるもの
**気体**：1 気圧において、温度 20 度で気体状であるもの
**固体**：液体または気体以外のもの

乙種第４類危険物取扱者
一問一答問題集

# 危険物に関する法令

# 消防法上の危険物／指定数量

## 消防法による危険物の定義

・危険物とは、消防法別表第一の品名欄に掲げる物品で、同表に定める区分に応じ同表の性質欄に掲げる性状を有するものをいう。

## 危険物の区分

・危険物は、その性質に応じて、第１類から第６類に区分されている。
・消防法上の危険物は、１気圧、温度 20℃において固体または液体。
・危険物には、そのもの自体が燃焼しやすい物質のほか、そのもの自体は燃焼しないが他の物質の燃焼を促進する物質も含まれる。

## 危険物の主な品名

### 消防法別表第一より抜粋

| 類別 | 性質 | 品名（一部抜粋） |
|---|---|---|
| 第1類 | 酸化性固体 | ①塩素酸塩類 ②過塩素酸塩類 ③無機過酸化物 ④亜塩素酸塩類 ⑤臭素酸塩類 ⑥硝酸塩類 ⑦よう素酸塩類 ⑧過マンガン酸塩類 ⑨重クロム酸塩類 |
| 第2類 | 可燃性固体 | ①硫化りん ②赤りん ③硫黄 ④鉄粉 ⑤金属粉 ⑥マグネシウム ⑦引火性固体 |
| 第3類 | 自然発火性物質及び禁水性物質 | ①カリウム ②ナトリウム ③アルキルアルミニウム ④アルキルリチウム ⑤黄りん |
| 第4類 | 引火性液体 | ①特殊引火物 ②第一石油類 ③アルコール類 ④第二石油類 ⑤第三石油類 ⑥第四石油類 ⑦動植物油類 |

| 第5類 | 自己反応性物質 | ①有機過酸化物 ②硝酸エステル類 ③ニトロ化合物 |
|---|---|---|
| 第6類 | 酸化性液体 | ①過塩素酸 ②過酸化水素 ③硝酸 |

## 指定数量

・指定数量とは、それぞれの危険物について、その危険性を勘案して定められた数量である。
・危険性が高いものほど、指定数量の値は小さい。
・第一石油類、第二石油類、第三石油類の指定数量は、その危険物が非水溶性液体であるか、水溶性液体であるかによって異なる。

### 第4類危険物の指定数量

| 品名 | | 物品名 | 指定数量 |
|---|---|---|---|
| 特殊引火物 | | ジエチルエーテル、二硫化炭素、アセトアルデヒド、酸化プロピレン等 | 50L |
| 第一石油類 | 非水溶性液体 | ガソリン、ベンゼン、トルエン等 | 200L |
| | 水溶性液体 | アセトン、ピリジン等 | 400L |
| アルコール類 | | メタノール、エタノール等 | 400L |
| 第二石油類 | 非水溶性液体 | 灯油、軽油、キシレン等 | 1,000L |
| | 水溶性液体 | 酢酸、アクリル酸等 | 2,000L |
| 第三石油類 | 非水溶性液体 | 重油、クレオソート油等 | 2,000L |
| | 水溶性液体 | グリセリン、エチレングリコール等 | 4,000L |
| 第四石油類 | | ギヤー油、シリンダー油等 | 6,000L |
| 動植物油類 | | ナタネ油、アマニ油、キリ油等 | 10,000L |

## 指定数量の倍数

・指定数量の倍数とは、製造所、貯蔵所または取扱所において貯蔵し、または取り扱う危険物の数量を、その危険物の指定数量で除して得た値。

$$\frac{\text{製造所等における危険物 A の貯蔵・取扱量}}{\text{危険物 A の指定数量}} = \text{指定数量の倍数}$$

**例**：ガソリン 4,000L を貯蔵している貯蔵所の場合

$$\frac{\text{ガソリンの貯蔵量}}{\text{ガソリンの指定数量}} = \frac{4{,}000}{200} = 20$$

したがって、この貯蔵所の指定数量の倍数は20である。

製造所等において、品名または指定数量の異なる2以上の危険物を貯蔵し、または取り扱う場合は、「**それぞれの危険物の数量をそれぞれの危険物の指定数量**で除して得た値の和」が指定数量の倍数となる。

**例**：ガソリン 1,000L、メタノール 1,000L、灯油 2,000L を取り扱っている取扱所の場合

$$\frac{\text{ガソリンの取扱量}}{\text{ガソリンの指定数量}} + \frac{\text{メタノールの取扱量}}{\text{メタノールの指定数量}} + \frac{\text{灯油の取扱量}}{\text{灯油の指定数量}}$$

$$= \frac{1{,}000}{200} + \frac{1{,}000}{400} + \frac{2{,}000}{1{,}000} = 5 + 2.5 + 2 = 9.5$$

したがって、この取扱所の指定数量の倍数は9.5である。

## 指定数量以上の危険物の貯蔵・取扱い

・指定数量以上の危険物は、貯蔵所以外の場所でこれを貯蔵し、または製造所、貯蔵所及び取扱所以外の場所でこれを取り扱ってはならない。

⇒製造所、貯蔵所及び取扱所を「製造所等」という。

・指定数量の倍数が１以上となる危険物は、貯蔵所以外の場所で貯蔵し、または製造所等（製造所・貯蔵所・取扱所）以外の場所で取り扱ってはならない。

## 指定数量未満の危険物の貯蔵・取扱い

・指定数量未満の危険物を貯蔵し、または取り扱う場合は、市町村条例による規制を受ける。

## 指定数量以上の危険物の仮貯蔵・仮取扱い

・指定数量以上の危険物は、貯蔵所以外の場所で貯蔵し、または製造所、貯蔵所及び取扱所以外の場所で取り扱ってはならない。ただし、所轄消防長または消防署長の承認を受けて指定数量以上の危険物を、10日以内の期間、仮に貯蔵し、または取り扱う場合はこの限りでない。

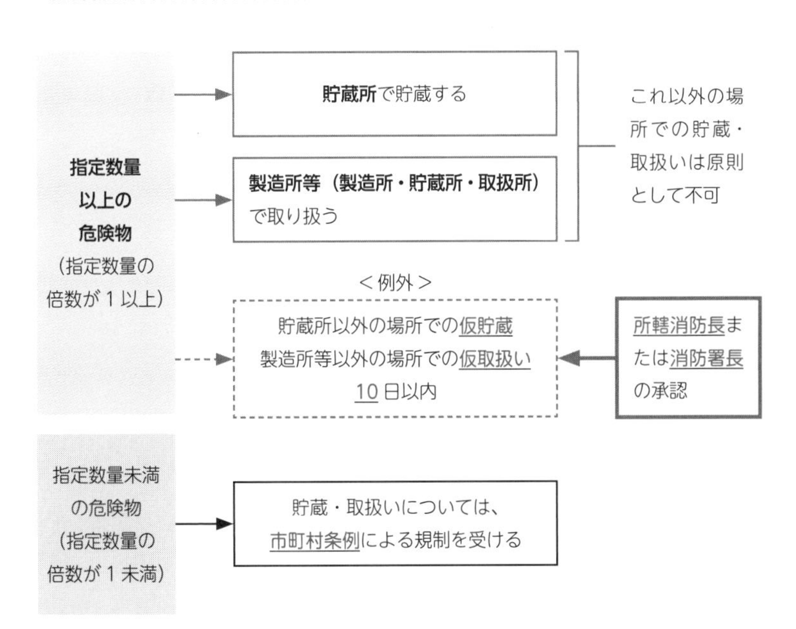

## 問題

**1** 消防法上の危険物とは、消防法別表第一の品名欄に掲げる物品で、同表に定める区分に応じ同表の性質欄に掲げる性状を有するものをいう。

**2** 消防法上の危険物は、特類ならびに第１類から第６類に区分されている。

**3** 消防法上の危険物には、常温（20℃）において固体であるもの、液体であるもの、気体であるものが含まれる。

**4** マグネシウムは、消防法上の危険物に含まれる。

**5** 液化石油ガスは、消防法上の危険物に含まれる。

**6** 消防法上の危険物は、類別の区分を表す数が増すごとに危険性が高くなる。

**7** 消防法上の危険物には、自然発火性物質及び禁水性物質が含まれる。

**8** 赤りん、黄りん、硫黄、塩酸、硝酸、カリウム、プロパンは、すべて消防法上の危険物に含まれる。

## 解答・解説

**1** ○

消防法上の危険物とは、**消防法別表第一**の品名欄に掲げる物品で、同表に定める区分に応じ同表の性質欄に掲げる性状を有するものをいう。品名は**政令**で定められているものもある。

**2** ×

消防法上の危険物は、**第1類**から**第6類**に区分されている。特類という区分は設けられていない。

**3** ×

消防法上の危険物は、1気圧、温度20℃において**固体**または**液体**であり、**気体**であるものは含まれない。

**4** ○

マグネシウムは、消防法別表第一において**第2類**の危険物の品名欄に掲げられており、消防法上の危険物に含まれる。

**5** ×

液化石油ガスは常温常圧においては**気体**であり、消防法上の危険物には含まれない。

**6** ×

消防法上の危険物は、その**性質**に応じて、第1類から第6類に区分されている。類別の区分を表す数は、**危険性の高さ**とは無関係である。

**7** ○

自然発火性物質及び禁水性物質は**第3類**の危険物であり、消防法上の危険物に該当する。品名としては、カリウム、ナトリウム、アルキルアルミニウム、アルキルリチウム、黄りんなどが含まれる。

**8** ×

赤りん、硫黄は**第2類**、黄りん、カリウムは**第3類**、硝酸は**第6類**の危険物であるが、**塩酸**は消防法上の危険物に含まれない。また、常温（20℃）において気体である**プロパン**も危険物に含まれない。

## 問題

**9** 特殊引火物の指定数量は、第 4 類の危険物の中では最も大きい値である。

**10** 第一石油類の非水溶性液体とアルコール類の指定数量は同じである。

**11** 第一石油類、第二石油類、第三石油類は、それぞれ、非水溶性液体と水溶性液体とで指定数量が異なり、各類とも、水溶性液体の指定数量が非水溶性液体の指定数量の 2 倍になっている。

**12** ガソリンの指定数量は 100L である。

**13** 灯油の指定数量は 1,000L である。

**14** 第三石油類の水溶性液体と第四石油類の指定数量は同じである。

**15** 法令上、指定数量の異なる危険物 A、B、C を同一の貯蔵所において貯蔵する場合、指定数量の倍数は、A、B、C の貯蔵量の和を、A、B、C の指定数量の平均値で除した値となる。

**16** ガソリン 2,000L、軽油 4,000L、重油 6,000L を同一の取扱所において取り扱う場合、指定数量の倍数は 15 となる。

## 解答・解説



**9** ×

指定数量は、それぞれの危険物の危険性を勘案して定められており、危険性が高いものほど、指定数量の値が**小さい**。特殊引火物の指定数量は、第4類の危険物の中では最も**小さい**値となっている。

**10** ×

第一石油類の非水溶性液体の指定数量は200L、アルコール類の指定数量は400Lである。なお、第一石油類の**水溶性液体**の指定数量は400Lで、アルコール類と同じである。

**11** ○

第一石油類、第二石油類、第三石油類については、各類とも、水溶性液体の指定数量が非水溶性液体の指定数量の2倍になっている。

**12** ×

ガソリンは第一石油類の非水溶性液体に該当し、指定数量は200Lである。

**13** ○

灯油は第二石油類の非水溶性液体に該当し、指定数量は1,000Lである。

**14** ×

第三石油類の水溶性液体の指定数量は4,000L、第四石油類の指定数量は6,000Lである。

**15** ×

指定数量の異なる危険物A、B、Cを同一の貯蔵所において貯蔵する場合、「A、B、C**それぞれの危険物の数量**を**それぞれの危険物の指定数量**で除して得た値の**和**」が指定数量の倍数となる。

**16** ×

ガソリンの指定数量は200L、軽油の指定数量は1,000L、重油の指定数量は2,000Lなので、指定数量の倍数は以下のように求められる。

$2,000/200 + 4,000/1,000 + 6,000/2,000 = 10 + 4 + 3 = 17$

## 問題

**17** 指定数量以上の危険物は、原則として、貯蔵所以外の場所で貯蔵してはならない。

**18** ガソリン 100L と灯油 500L を同一の場所に貯蔵する場合は、貯蔵所以外の場所に貯蔵してもよい。

**19** 軽油 500L と重油 1,000L を同一の場所で取り扱う場合は、原則として取扱所以外の場所で取り扱ってはならない。

**20** 指定数量未満の危険物を貯蔵し、または取り扱う場合は、都道府県条例による規制を受ける。

**21** 指定数量以上の危険物を貯蔵所以外の場所で仮に貯蔵する場合は、市町村長の許可が必要である。

**22** 指定数量以上の危険物を製造所等以外の場所で仮に取り扱う場合、その期間は 10 日以内としなければならない。

**23** 指定数量以上の危険物を貯蔵所以外の場所で仮に貯蔵する場合、貯蔵する危険物を指定数量の倍数 10 以下にしなければならない。

**24** 指定数量以上の危険物を製造所等以外の場所で仮に取り扱う場合、その仮取扱いを行う日の 10 日前までに、市町村長に届け出なければならない。

## 解答・解説

**17** ○

指定数量以上の危険物は、原則として、貯蔵所以外の場所で貯蔵してはならない。ただし、**所轄消防長**または**消防署長**の承認を受けて 10 日以内の期間、仮に貯蔵する場合はその限りでない。

**18** ×

ガソリンの指定数量は **200L**、灯油の指定数量は **1,000L** なので、ガソリン 100L と灯油 500L では、指定数量の倍数は 100/200 + 500/1,000 = 1 となる。指定数量の倍数が 1 以上なので、貯蔵所以外での貯蔵は**できない**。

**19** ○

軽油の指定数量は **1,000L**、重油の指定数量は **2,000L**。軽油 500L と重油 1,000L では、指定数量の倍数は 500/1,000 + 1,000/2,000 = **1** となる。指定数量の倍数が 1 以上なので、取扱所以外での取扱いは**できない**。

**20** ×

指定数量未満の危険物を貯蔵し、または取り扱う場合は、**市町村条例**による規制を受ける。

**21** ×

指定数量以上の危険物を貯蔵所以外の場所で仮に貯蔵する場合は、**所轄消防長**または**消防署長**の**承認**が必要である。市町村長の許可ではない。

**22** ○

指定数量以上の危険物を製造所等以外の場所で仮に取り扱う場合、その期間は **10** 日以内としなければならない。また、所轄消防長または消防署長の承認が必要である。

**23** ×

指定数量以上の危険物を貯蔵所以外の場所で仮に貯蔵する場合は、所轄消防長または消防署長の**承認**が必要で、その期間を **10** 日以内としなければならないが、仮貯蔵する危険物の**量**を制限する定めはない。

**24** ×

指定数量以上の危険物を製造所等以外の場所で仮に取り扱う場合に必要な手続きは、**所轄消防長**または**消防署長**に申請して**承認**を得ることである。市町村長への届出は必要ない。

# 製造所等の区分

## 製造所等の区分

・危険物を貯蔵し、または取り扱う施設は、製造所、貯蔵所、取扱所。
・これらをまとめて「製造所等」という。

### 製造所等の区分（製造所・貯蔵所）

| 区分 | | 概要 |
|---|---|---|
| 製造所 | | 危険物を製造する施設 |
| 貯蔵所 | 屋内貯蔵所 | 屋内の場所において危険物を貯蔵し、または取り扱う貯蔵所 |
| | 屋外タンク貯蔵所 | 屋外にあるタンクにおいて危険物を貯蔵し、または取り扱う貯蔵所 |
| | 屋内タンク貯蔵所 | 屋内にあるタンクにおいて危険物を貯蔵し、または取り扱う貯蔵所 |
| | 地下タンク貯蔵所 | 地盤面下に埋没されているタンクにおいて危険物を貯蔵し、または取り扱う貯蔵所 |
| | 簡易タンク貯蔵所 | 簡易タンクにおいて危険物を貯蔵し、または取り扱う貯蔵所 |
| | 移動タンク貯蔵所 | 車両に固定されたタンクにおいて危険物を貯蔵し、または取り扱う貯蔵所 ⇒ タンクローリー |
| | 屋外貯蔵所 | 屋外の場所において危険物を貯蔵し、または取り扱う貯蔵所で、貯蔵・取扱いができる危険物が制限されている（次ページ参照） |
| 取扱所 | | p.22 参照 |

## 屋外貯蔵所で貯蔵・取扱いができる危険物

屋外貯蔵所に貯蔵し、または屋外貯蔵所で取り扱うことができるのは、下記の危険物に限られる。

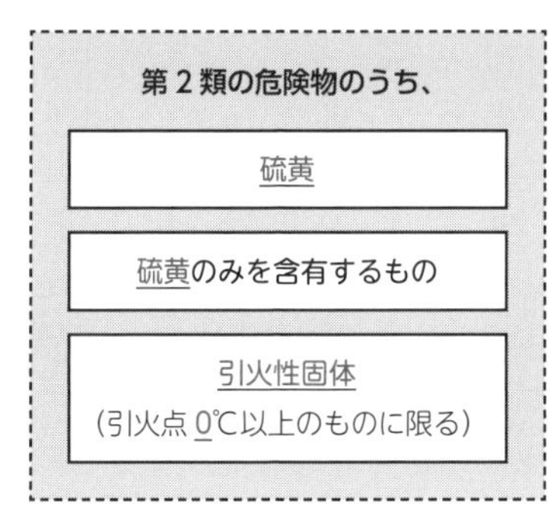

**第４類の危険物のうち、屋外貯蔵所での貯蔵・取扱いができないもの**

特殊引火物：ジエチルエーテル、二硫化炭素等

引火点０℃未満の第一石油類：ガソリン、ベンゼン、アセトン等

**第２類の危険物のうち、屋外貯蔵所での貯蔵・取扱いができないもの**

・硫化りん、赤りん、鉄粉、金属粉、マグネシウムと、それらを含有するもの

・引火点０℃未満の引火性固体

## 取扱所の種類

### 製造所等の区分（取扱所）

| 区分 | | 概要 |
|---|---|---|
| 取扱所 | 給油取扱所 | 給油設備によって自動車等の燃料タンクに直接給油するために危険物を取り扱う取扱所<br>⇒ガソリンスタンド<br>⇒併せて、固定注油設備により灯油もしくは軽油を容器に詰め替えるものを含む。 |
| | 販売取扱所 | 店舗において容器入りのままで販売するため危険物を取り扱う取扱所<br>⇒第一種販売取扱所と第二種販売取扱所がある（次ページ参照）。 |
| | 移送取扱所 | 配管及びポンプ並びにこれらに附属する設備（危険物を運搬する船舶からの陸上への危険物の移送については、配管及びこれに附属する設備）によって危険物の移送の取扱いを行う取扱所<br>⇒パイプライン |
| | 一般取扱所 | 上記以外の取扱所<br>⇒危険物でない製品の製造のために危険物を使用する工場や、大量の燃料を使用するボイラー設備を有する施設などが含まれる。 |

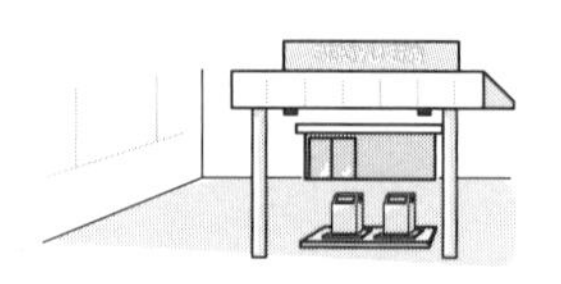

給油取扱所の例
（ガソリンスタンド）

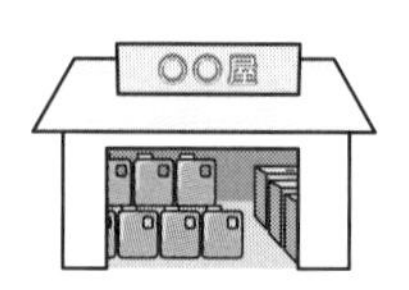


販売取扱所の例
（塗料販売店、薬品販売店など）

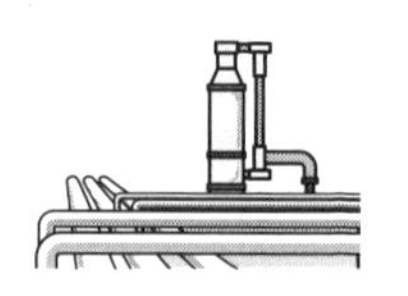

移送取扱所の例
（パイプライン）

## 販売取扱所の種類

**第一種販売取扱所**：取り扱う危険物の指定数量の倍数が 15 以下
**第二種販売取扱所**：取り扱う危険物の指定数量の倍数が 15 を超え 40 以下

⇒指定数量の倍数が 40 を超える危険物を取り扱う販売取扱所を設けることはできない。

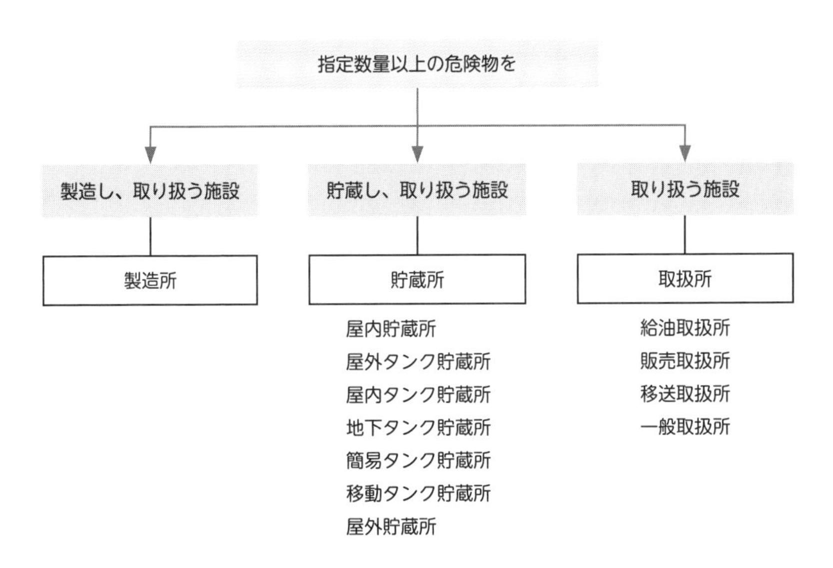


⇒指定数量未満（指定数量の倍数が1未満）の危険物であれば、上記以外の場所で貯蔵し、取り扱うことができる。ただし、貯蔵・取扱いについては市町村条例による規制を受ける。

## 問題

**1** 屋外貯蔵所とは、屋外の場所において第４類の危険物のみを貯蔵し、または取り扱う貯蔵所である。

**2** 地下タンク貯蔵所とは、地盤面下に埋没されているタンクにおいて危険物を貯蔵し、または取り扱う貯蔵所である。

**3** 移動タンク貯蔵所とは、車両、鉄道の貨車または船舶に固定されたタンクにおいて危険物を貯蔵し、または取り扱う貯蔵所である。

**4** 屋内貯蔵所とは、屋内にあるタンクにおいて危険物を貯蔵し、または取り扱う貯蔵所である。

**5** 屋外貯蔵所では、ガソリンを貯蔵することはできない。

**6** 屋外貯蔵所では、軽油を貯蔵できるが、灯油は貯蔵できない。

**7** 屋外貯蔵所では、硫黄、硫化りんを、ともに貯蔵することができる。

**8** 屋外貯蔵所では、過酸化水素を貯蔵することができる。

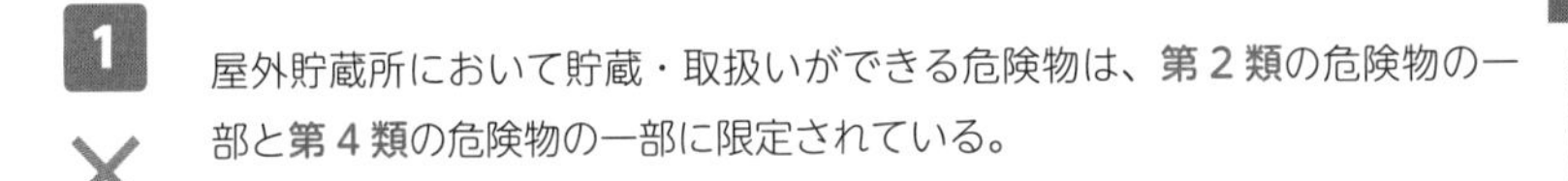

## 解答・解説



**1** ×

屋外貯蔵所において貯蔵・取扱いができる危険物は、**第２類**の危険物の一部と**第４類**の危険物の一部に限定されている。

**2** ○

地下タンク貯蔵所とは、**地盤面下**に埋没されているタンクにおいて危険物を貯蔵し、または取り扱う貯蔵所である。

**3** ×

移動タンク貯蔵所とは、**車両**に固定されたタンクにおいて危険物を貯蔵し、または取り扱う貯蔵所で、いわゆる**タンクローリー**である。鉄道の貨車や船舶に固定されたタンクを有するものは含まれない。

**4** ×

屋内貯蔵所とは、屋内の場所において危険物を貯蔵し、または取り扱う貯蔵所で、**タンク**はない。

**5** ○

第４類の危険物の第一石油類で、屋外貯蔵所で貯蔵・取扱いができるのは引火点**0℃**以上のものに限られる。ガソリンは第一石油類に含まれるが、引火点が**−40℃**以下と低いので、屋外貯蔵所に貯蔵することはできない。

**6** ×

軽油、灯油は、ともに第４類の危険物の第二石油類に含まれ、いずれも**屋外貯蔵所**において貯蔵し、取り扱うことができる。

**7** ×

第２類の危険物のうち、屋外貯蔵所で貯蔵・取扱いができるのは、①**硫黄**、②**硫黄**のみを含有するもの、③**引火性固体**（引火点**0℃**以上のものに限る）である。したがって、硫化りんは貯蔵できない。

**8** ×

屋外貯蔵所で貯蔵・取扱いができるのは、**第２類**の危険物の一部と**第４類**の危険物の一部である。過酸化水素は**第６類**の危険物なので、屋外貯蔵所では貯蔵できない。

## 問題

**9** 給油取扱所とは、給油設備によって自動車等の燃料タンクに直接給油するために危険物を取り扱う取扱所である。

**10** 給油取扱所には、灯油もしくは軽油の容器への詰替えを行うものもある。

**11** 販売取扱所は、取り扱う危険物の量により、第一種販売取扱所、第二種販売取扱所、第三種販売取扱所に分かれる。

**12** 第二種販売取扱所とは、販売取扱所のうち、取り扱う危険物の指定数量の倍数が 40 を超えるものをいう。

**13** 販売取扱所には、灯油もしくは軽油の容器への詰替えを行うものもある。

**14** 移送取扱所とは、配管及びポンプ並びにこれらに附属する設備によって危険物の移送の取扱いを行う取扱所である。

**15** 一般取扱所とは、店舗において容器入りのままで販売するため危険物を取り扱う取扱所である。

**16** 指定数量未満の危険物であっても、販売取扱所以外の場所で販売してはならない。

## 解答・解説

**9** ○

給油取扱所とは、給油設備によって自動車等の燃料タンクに直接給油するために危険物を取り扱う取扱所で、いわゆる**ガソリンスタンド**である。

**10** ○

給油取扱所は、給油設備によって自動車等の燃料タンクに直接給油するために危険物を取り扱う取扱所であるが、併せて**灯油**もしくは**軽油**の容器への詰替えを行うものも含まれる。

**11** ×

販売取扱所は、取り扱う危険物の量により、**第一種**販売取扱所、**第二種**販売取扱所に分かれる。第三種販売取扱所というものはない。

**12** ×

第二種販売取扱所とは、販売取扱所のうち、取り扱う危険物の指定数量の倍数が **15** を超え **40** 以下のものをいう。指定数量の倍数が 40 を超える危険物を取り扱う販売取扱所を設けることはできない。

**13** ×

販売取扱所とは、店舗において**容器入り**のままで販売するため危険物を取り扱う取扱所である。危険物の詰替えを行うことはできない。

**14** ○

移送取扱所とは、**配管**及び**ポンプ**並びにこれらに附属する設備（危険物を運搬する船舶からの陸上への危険物の移送については、配管及びこれに附属する設備）によって危険物の移送の取扱いを行う取扱所である。

**15** ×

一般取扱所とは、指定数量以上の危険物を取り扱う取扱所のうち、給油取扱所、販売取扱所、移送取扱所以外のものをいう。問題文は、**販売取扱所**の説明になっている。

**16** ×

指定数量未満（指定数量の倍数が１未満）の危険物であれば、製造所等以外の場所で貯蔵し、取り扱うことができる。ただし、貯蔵・取扱いについては**市町村条例**による規制を受ける。

# 製造所等の設置・変更／各種届出手続き

## 製造所等の設置・変更許可と許可権者

・製造所、貯蔵所または取扱所を設置しようとする者は、政令で定めるところにより、製造所、貯蔵所または取扱所ごとに、製造所、貯蔵所または取扱所の区分に応じ、許可権者（市町村長等）の許可を受けなければならない。製造所、貯蔵所または取扱所の位置、構造または設備を変更しようとする者も同様とする。

⇒製造所等の設置・変更許可を与える許可権者は下表のとおり。これらの許可権者をまとめて「市町村長等」という。

| 製造所等の区分 | 設置場所 | | 許可権者 |
|---|---|---|---|
| 移送取扱所以外の製造所等 | 消防本部及び消防署を置く市町村（以下「消防本部等所在市町村」とする）の区域 | | 市町村長 |
| | 消防本部等所在市町村以外の市町村の区域 | | 都道府県知事 |
| 移送取扱所 | 1の消防本部等所在市町村のみに設置 | | 市町村長 |
| | 上記以外 | 1の都道府県の区域内 | 都道府県知事 |
| | | 2以上の都道府県の区域にわたる | 総務大臣 |

## 製造所等の設置・変更工事の開始時期

・製造所等の設置・変更に係る工事は、市町村長等に設置・変更の許可（許可書の交付）を受けてからでなければ着工してはならない。

## 製造所等の完成検査

・製造所等を設置または変更した者は、完成検査を受け、その製造所等が製造所等の位置、構造及び設備の技術上の基準に適合していると認められた後でなければ、製造所等を使用してはならない。

・市町村長等は、完成検査を行った結果、その製造所等が製造所等の位置、構造及び設備の技術上の基準に適合していると認めたときは、完成検査の申請をした者に完成検査済証を交付する。

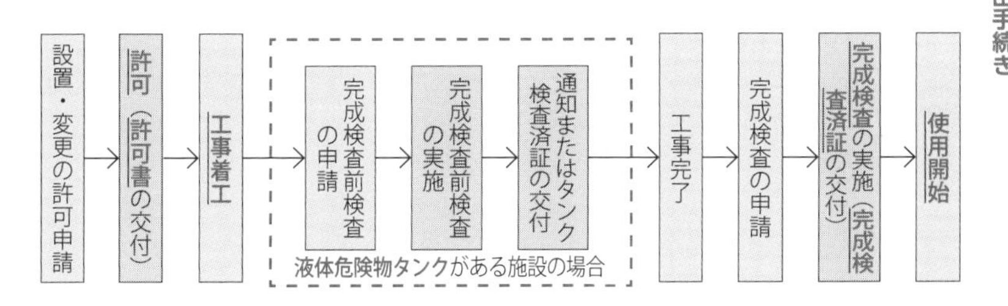


## 液体危険物タンクの完成検査前検査

・設置または変更許可を受けた製造所等において、液体の危険物を貯蔵し、または取り扱うタンク（液体危険物タンク）を設置または変更する場合は、製造所等全体の完成検査を受ける前に、市町村長等が行う完成検査前検査を受けなければならない。

・ただし、製造所及び一般取扱所に設置される液体危険物タンクで、容量が指定数量未満のものは、完成検査前検査の対象とならない。

完成検査前検査は以下の３種類。

- 水張検査または水圧検査
- 基礎・地盤検査（容量 1,000kL 以上の屋外貯蔵タンクに限る）
- 溶接部検査（容量 1,000kL 以上の屋外貯蔵タンクに限る）

完成検査前検査の結果、技術上の基準に適合すると認めたときは、市町村長等は、完成検査前検査の申請をした者に以下のことを行う。

- 水張検査または水圧検査について ⇒ タンク検査済証の交付
- 基礎・地盤検査、溶接部検査について ⇒ 検査結果を通知

## 完成検査前検査の対象にならない製造所等

・製造所等のうち、屋内貯蔵所、屋外貯蔵所、販売取扱所には液体危険物タンクを有するものが含まれないので、完成検査前検査の対象になることはない。

※販売取扱所は、「店舗において容器入りのままで販売するため危険物を取り扱う取扱所」なので、液体危険物タンクを有するものは含まれない。

## 製造所等の仮使用

・製造所、貯蔵所または取扱所の位置、構造または設備を変更する場合において、当該製造所、貯蔵所または取扱所のうち当該変更の工事に係る部分以外の部分の全部または一部について市町村長等の承認を受けたときは、完成検査を受ける前においても、仮に、当該承認を受けた部分を使用することができる（仮使用）。

**給油取扱所の仮使用の例**

## 危険物規制にかかわる主な行政手続き

| 手続き | 項　目 | 申請先 |
|---|---|---|
| 許可 | 製造所等の設置、製造所等の位置・構造・設備の変更 | 市町村長等 |
| 承認 | 仮使用 | 市町村長等 |
| | 仮貯蔵・仮取扱い | 所轄消防長または消防署長 |
| 認可 | 予防規程の制定・変更 | 市町村長等 |
| 届出 | 次の「行政機関への届出を必要とする場合」を参照 | 市町村長等（届出） |

※許可、承認、認可の手続きは、申請先に申請し、それぞれ許可、承認、認可を受ける。
※届出の手続きは、市町村長等に届出を行う。

## 行政機関への届出を必要とする場合

| 届出項目 | 届出を行う人 | 届出の時期 | 届出先 |
|---|---|---|---|
| 製造所等の譲渡または引渡しがあったとき | 譲受人または引渡しを受けた者 | 遅滞なく | 市町村長等 |
| 製造所等の**位置、構造または設備を変更しないで、**その製造所等において貯蔵し、または取り扱う危険物の品名、数量または指定数量の倍数を変更しようとするとき | 変更しようとする者 | 変更しようとする日の 10 日前までに | |
| 製造所等の用途を廃止したとき | 製造所等の所有者、管理者または占有者 | 遅滞なく | |
| 危険物保安統括管理者、危険物保安監督者を選任、または解任したとき ⇒ p.48 ～ 49 参照 | | | |

⇒危険物の品名、数量、指定数量の倍数を変更する場合は、10 日前までに届け出る。
⇒その他の場合は「遅滞なく」届け出る（期限は設けられていない）。
⇒届出先はすべて「市町村長等」。

## 問題

**1**

消防本部及び消防署を置く市町村の区域に製造所等を設置しようとする者は、所轄消防長または消防署長の許可を受けなければならない。

**2**

製造所等の位置、構造または設備を変更しようとする者は、あらかじめ、市町村長等にその旨を届け出なければならない。

**3**

消防本部等所在市町村以外の市町村に製造所等を設置しようとする者は、市町村長の許可を受けなければならない。

**4**

2以上の都道府県の区域にわたる移送取扱所を設置しようとする者は、それぞれの都道府県の知事から許可を受けなければならない。

**5**

製造所等を設置しようとする者は、設置許可を申請した時点で工事を開始することができる。

**6**

製造所等の位置、構造または設備を変更しようとする者は、市町村長等に変更の許可を受けてからでなければ、変更のための工事を開始することができない。

**7**

製造所等を設置した者は、完成検査を受け、その製造所等が製造所等の位置、構造及び設備の技術上の基準に適合していると認められた後でなければ、製造所等を使用してはならない。

**8**

市町村長等は、完成検査を行った結果、その製造所等が製造所等の位置、構造及び設備の技術上の基準に適合していると認めたときは、完成検査済証を交付する。

## 解答・解説

**1** ×

消防本部及び消防署を置く市町村の区域に製造所等を設置しようとする者は、**市町村長**の許可を受けなければならない。

**2** ×

製造所等の位置、構造または設備を変更しようとするときも、製造所等を設置するときと同様に、市町村長等の**許可**を受けなければならない。届け出るだけでは変更できない。

**3** ×

消防本部等所在市町村以外の市町村に製造所等を設置しようとする者は、当該区域を管轄する**都道府県知事**の許可を受けなければならない。

**4** ×

２以上の都道府県の区域にわたる移送取扱所を設置しようとする者は、**総務大臣**の許可を受けなければならない。

**5** ×

製造所等の設置に係る工事は、市町村長等に**設置許可**（**許可書**の交付）を受けてからでなければ着工してはならない。

**6** ○

製造所等の設置・変更に係る工事は、市町村長等に設置・変更の**許可**（許可書の交付）を受けてからでなければ着工してはならない。

**7** ○

製造所等を設置した者は、市町村長等が行う**完成検査**を受け、その製造所等が製造所等の位置、構造及び設備の技術上の基準に適合していると認められた後でなければ、製造所等を使用してはならない。

**8** ○

市町村長等は、完成検査を行った結果、その製造所等が製造所等の位置、構造及び設備の技術上の基準に適合していると認めたときは、完成検査の申請をした者に**完成検査済証**を交付する。

## 問題

**9** 屋内貯蔵所を設置する場合は、完成検査を受ける前に完成検査前検査を受けなければならない。

**10** 第４類危険物を貯蔵する屋外タンク貯蔵所を設置する場合は、完成検査を受ける前に完成検査前検査を受けなければならない。

**11** 容量が指定数量以上の液体危険物タンクを有する一般取扱所を設置する場合は、完成検査を受ける前に完成検査前検査を受けなければならない。

**12** 製造所等の仮使用とは、製造所等の設置許可を受けて設置工事を行い、工事が完了したときに、市町村長等の承認を受けて完成検査を受ける前に使用することをいう。

**13** 製造所等の仮使用とは、指定数量以上の危険物を、所轄消防長または消防署長の承認を受けて 10 日以内の期間、製造所等以外の場所で仮に貯蔵し、または取り扱うことをいう。

**14** 製造所等の設置許可を受けて設置工事を行ったが、完成検査においてその一部が不合格となった場合、市町村長等の承認を受けて合格した部分のみを仮使用することができる。

**15** 給油取扱所の全面的な変更許可を受けて工事を行った場合、固定給油設備や専用タンクなど、業務に必要な部分の工事が完了した時点で、市町村長等の承認を受けてその部分を仮使用することができる。

**16** 給油取扱所の設置許可を受けて設置工事を行った場合、固定給油設備や専用タンクなど、業務に必要な部分の工事が完了した時点で、市町村長等の承認を受けてその部分を仮使用することができる。

## 解答・解説



**9** ×

屋内貯蔵所は「屋内の場所において危険物を貯蔵し、または取り扱う貯蔵所」であり、**液体危険物タンク**を有さないので、完成検査前検査の対象にはならない（屋内にタンクを有する貯蔵所は、屋内タンク貯蔵所である）。

**10** ○

第４類の危険物を貯蔵する屋外タンク貯蔵所は、**液体危険物タンク**を有する製造所等に該当するので、これを設置する場合は、完成検査を受ける前に完成検査前検査を受けなければならない。

**11** ○

製造所及び一般取扱所の場合、設置または変更する液体危険物タンクの容量が**指定数量**以上の場合に、完成検査前検査の対象となる。問題文の場合は容量が指定数量以上であるから、完成検査前検査の対象となる。

**12** ×

製造所等の仮使用とは、製造所等の位置、構造または設備を変更する場合に、その**変更工事に係る部分以外の部分**の全部または一部を、市町村長等の承認を受けて完成検査を受ける前に仮に使用することをいう。

**13** ×

問題文は、指定数量以上の危険物の**仮貯蔵・仮取扱い**（p.13 参照）の説明になっており、製造所等の仮使用とは異なる。

**14** ×

製造所等の仮使用が認められるのは、製造所等の位置、構造または設備を変更する場合に、**変更工事に係る部分以外の部分**の全部または一部を、市町村長等の承認を受けて完成検査を受ける前に使用する場合のみである。

**15** ×

製造所等の仮使用が認められるのは、**変更工事に係る部分以外の部分**の全部または一部についてのみである。変更工事を行った部分について仮使用が認められることはない。

**16** ×

製造所等の仮使用が認められるのは、製造所等の位置、構造または設備を変更する場合に、**変更工事に係る部分以外の部分**の全部または一部について市町村長等の承認を受けた場合のみである。

## 問題

**17** 製造所等の譲渡または引渡しがあったときは、10日以内にその旨を市町村長等に届け出なければならない。

**18** 製造所等の位置、構造または設備を変更しないで、その製造所等で貯蔵し、または取り扱う危険物の品名、数量または指定数量の倍数を変更しようとするときは、市町村長等の許可が必要である。

**19** 製造所等の用途を廃止したときは、遅滞なくその旨を市町村長等に届け出なければならない。

**20** 危険物保安統括管理者を定めたときは、遅滞なくその旨を市町村長等に届け出なければならない。

**21** 危険物施設保安員を定めたときは、遅滞なくその旨を市町村長等に届け出なければならない。

**22** 予防規程を定めたときは、市町村長等に届け出なければならない。

**23** 製造所等の位置、構造または設備を変更し、その製造所等において貯蔵し、または取り扱う危険物の品名、数量または指定数量の倍数も変更しようとするときは、市町村長等に届け出なければならない。

**24** 製造所等の定期点検を行ったときは、その点検記録を作成し、市町村長等に届け出なければならない。

## 解答・解説

**17**
×
製造所等の譲渡または引渡しがあったときは、**遅滞なく**その旨を市町村長等に届け出なければならない。期限は特に設けられていない。

**18**
×
製造所等の位置、構造または設備を変更しないで、その製造所等で貯蔵し、または取り扱う危険物の品名、数量または指定数量の倍数を変更しようとするときは、10日前までに市町村長等に**届け出**なければならない。

**19**
○
製造所等の用途を廃止したときは、遅滞なくその旨を市町村長等に**届け出**なければならない。届出は、製造所等の所有者、管理者または占有者が行う。

**20**
○
危険物保安統括管理者を定めたときは、遅滞なくその旨を市町村長等に**届け出**なければならない。危険物保安統括管理者を解任したときも同様である。

**21**
×
危険物保安統括管理者、危険物保安監督者については、選任・解任したときに市町村長等への届出が必要であるが、**危険物施設保安員**についてはそのような規定はない。

**22**
×
予防規程を定めたときは、市町村長等の**認可**を受けなければならない。

**23**
×
製造所等の位置、構造または設備を**変更しないで**、危険物の品名、数量または指定数量の倍数のみを変更するときは市町村長等への**届出**でよいが、製造所等の位置、構造または設備を**変更する**ときは、市町村長等の**許可**が必要。

**24**
×
製造所等の定期点検を行ったときは、その点検記録を作成し、一定期間**保存**することが義務づけられているが、市町村長等への届出の義務はない（p.60参照）。

# Lesson 04 危険物取扱者制度／保安講習

## 危険物取扱者免状の種類

・危険物取扱者免状の種類は、甲種危険物取扱者免状、乙種危険物取扱者免状及び丙種危険物取扱者免状とする。

| 区分 | 取扱い | 立会い |
|---|---|---|
| 甲種 | すべての類の危険物 | すべての類の危険物 |
| 乙種 | 免状を取得した類の危険物 | 免状を取得した類の危険物 |
| 丙種 | 第４類のうち指定された危険物* | ×（立会いは不可） |

＊「第４類のうち指定された危険物」とは、①ガソリン、②灯油、③軽油、④第三石油類（重油、潤滑油及び引火点が130℃以上のものに限る）、⑤第四石油類、⑥動植物油類であり、これらの危険物については丙種危険物取扱者が自ら取り扱うことができる。

**製造所等において危険物取扱者以外の者が第４類の危険物を取り扱う場合**

危険物取扱者以外の者しかいない

丙種危険物取扱者が立ち会っている

乙種第4類の免状を有する
危険物取扱者が立ち会っている

甲種危険物取扱者が立ち会っている

## 免状の交付

・危険物取扱者免状は、危険物取扱者試験に合格した者に対し、都道府県知事が交付する。

⇒製造所等の設置・変更にかかわる許可権者は「市町村長等」だが、危険物取扱者免状を交付するのは「都道府県知事」である。

## 免状の返納と、免状が交付されない場合

・危険物取扱者が消防法または消防法に基づく命令の規定に違反しているときは、危険物取扱者免状を交付した都道府県知事は、当該危険物取扱者免状の返納を命ずることができる。

以下の者は、免状の交付を受けることができない。

①上記の規定により危険物取扱者免状の返納を命ぜられ、その日から起算して1年を経過しない者

②消防法または消防法に基づく命令の規定に違反して罰金以上の刑に処せられた者で、その執行を終わり、または執行を受けることがなくなった日から起算して2年を経過しない者

## 免状の書換え・再交付

・免状の記載事項に変更が生じた場合は免状の書換えを行わなければならない。

・免状の亡失・滅失・汚損・破損があった場合は免状の再交付の申請を行わなければならない。

| 手続 | 内　容 | 申請先 | 添付するもの |
| --- | --- | --- | --- |
| 書換え | ・氏名、本籍地等の変更<br>・免状の写真が撮影から10年を超える前<br>※書換えは遅滞なく申請すること | 免状の交付地、または居住地もしくは勤務地の都道府県知事 | ・戸籍抄本等<br>・写真（6か月以内に撮影） |
| 再交付 | 亡失・滅失・汚損・破損 | 免状の交付、書換えを受けた都道府県知事 | 汚損・破損の場合は、免状を添える |
| | 再交付後、亡失した免状を発見 | 再交付を受けた都道府県知事 | 発見した免状を10日以内に提出 |

## 保安講習の受講義務

・製造所、貯蔵所または取扱所において危険物の取扱作業に従事する危険物取扱者は、総務省令で定めるところにより、都道府県知事（総務大臣が指定する市町村長その他の機関を含む）が行う危険物の取扱作業の保安に関する講習を受けなければならない。

⇒危険物取扱者の免状を取得していても、製造所等において危険物の取扱作業に従事していない場合は、講習を受ける義務はない。

⇒また、製造所等において危険物の取扱作業に従事していても、危険物取扱者でない者は講習を受ける義務はない。

⇒講習は、全国のどの都道府県で受講してもよい。

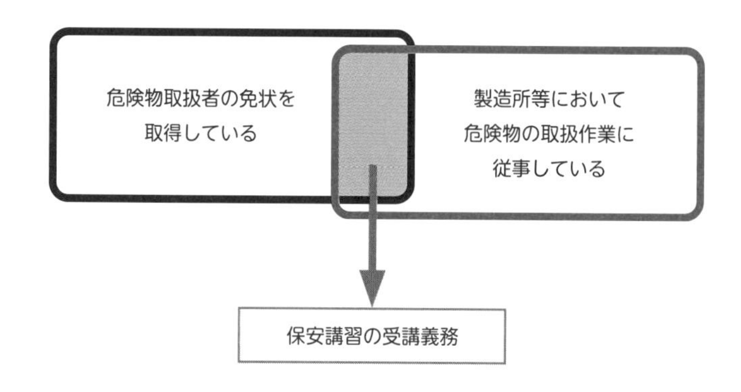

## 保安講習を受ける時期

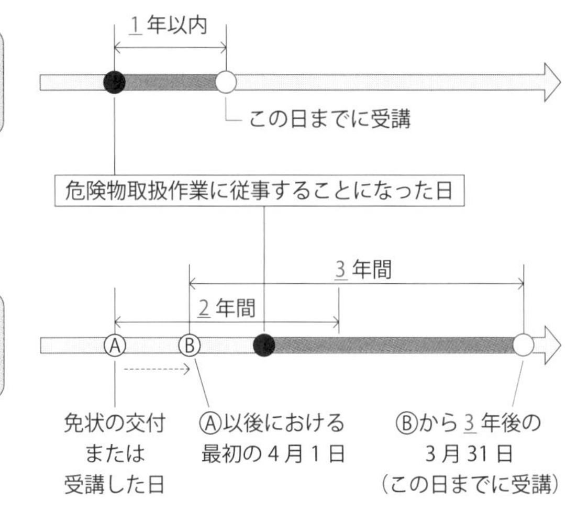


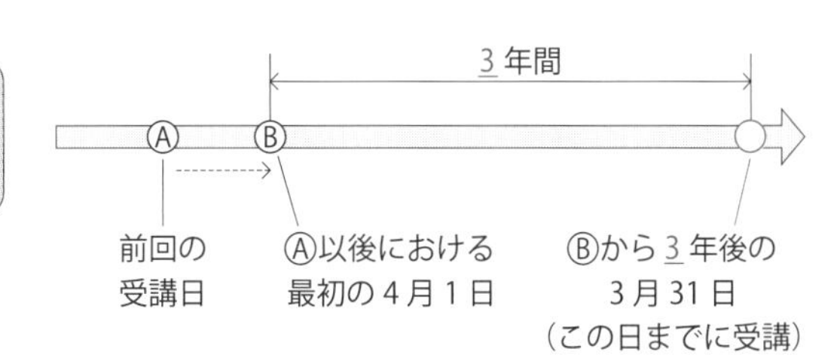


**保安講習会**

## 問題

**1** 乙種危険物取扱者は、免状を取得した類の危険物を取り扱うことができる。

**2** 丙種危険物取扱者は、第４類危険物で引火点 0℃以上のもののみを取り扱うことができる。

**3** 甲種危険物取扱者は、製造所等において危険物取扱者以外の者が行うすべての類の危険物の取扱作業に立ち会うことができる。

**4** 乙種危険物取扱者と丙種危険物取扱者は、免状の区分に応じて、自ら取り扱うことができる危険物についてのみ、危険物取扱者以外の者が行う危険物の取扱作業に立ち会うことができる。

**5** 乙種第４類の免状を取得している危険物取扱者は、給油取扱所において危険物取扱者以外の者が行うガソリンの取扱作業に立ち会うことができる。

**6** 丙種危険物取扱者は、屋内貯蔵所において貯蔵するエタノールを取り扱うことができる。

**7** 指定数量未満の危険物であれば､危険物取扱者の立会いがなくとも、製造所等において危険物取扱者以外の者が取り扱うことができる。

**8** 乙種危険物取扱者は丙種危険物取扱者の上位資格なので、すべての乙種危険物取扱者は、丙種危険物取扱者が取り扱うことができる危険物を自ら取り扱うことができる。

## 解答・解説

**1** ○
乙種危険物取扱者は、**免状を取得した**類の危険物を取り扱うことができる。また、免状を取得した類の危険物については、製造所等において危険物取扱者以外の者が行う取扱作業に立ち会うことができる。

**2** ×
丙種危険物取扱者が取り扱うことができるのは、第４類の危険物のうち、**ガソリン**、**灯油**、**軽油**、**第三石油類**（重油、潤滑油及び引火点130℃以上のものに限る）、**第四石油類**、**動植物油類**である。

**3** ○
甲種危険物取扱者は、**すべての**類の危険物について、製造所等における**取扱い**と、危険物取扱者以外の者が行う取扱作業への**立会い**ができる。

**4** ×
乙種危険物取扱者は、免状を取得した類の危険物の取扱作業に立ち会うことができるが、**丙種**危険物取扱者は、危険物の取扱作業に立ち会うことはできない。

**5** ○
ガソリンは**第４類**の危険物なので、乙種第４類の免状を取得している危険物取扱者は、製造所等において危険物取扱者以外の者が行うガソリンの取扱作業に立ち会うことができる。

**6** ×
エタノールは、第４類危険物のうち**アルコール類**に属する。アルコール類は、丙種危険物取扱者が取り扱うことのできる危険物に含まれていない。

**7** ×
製造所等において、危険物取扱者以外の者は、甲種危険物取扱者またはその類の免状を有する乙種危険物取扱者が**立ち会わ**なければ、危険物を取り扱ってはならない。危険物の量が**指定数量**以上であるかどうかは関係ない。

**8** ×
丙種危険物取扱者が取り扱うことができるのは**第４類**の危険物の一部であるから、乙種**第４類**の免状を取得していない乙種危険物取扱者は、それらを取り扱うことができない。

## 問題

**9** 危険物取扱者免状は、都道府県知事が交付する。

**10** 危険物取扱者が法令に違反しているときは、免状の返納を命じられることがある。

**11** 消防法に違反して罰金以上の刑に処せられた者は、その執行を終わり、または執行を受けることがなくなった日から起算して 1 年を経過しなければ免状の交付を受けることができない。

**12** 危険物取扱者の免状を有する者は、現住所が変わったときは、免状の書換えを申請しなければならない。

**13** 免状の書換えは、居住地または勤務地を管轄する市町村長等に申請する。

**14** 免状に添付された写真が撮影から 10 年を経過する前に、免状の書換えを申請しなければならない。

**15** 免状を亡失したときは、居住地または勤務地を管轄する都道府県知事に、免状の再交付を申請することができる。

**16** 免状を亡失してその交付を受けた者は、亡失した免状を発見した場合は、これを 14 日以内に免状の再交付を受けた都道府県知事に提出しなければならない。

## 解答・解説

**9** ○

危険物取扱者免状は、危険物取扱者試験に合格した者に対し、**都道府県知事**が交付する。

**10** ○

危険物取扱者が消防法または消防法に基づく命令の規定に違反しているときは、危険物取扱者免状を交付した都道府県知事は、当該危険物取扱者免状の**返納**を命ずることができる。

**11** ×

消防法または消防法に基づく命令の規定に違反して罰金以上の刑に処せられた者は、その執行を終わり、または執行を受けることがなくなった日から起算して 2 年を経過しなければ免状の交付を受けることができない。

**12** ×

**現住所**は免状の記載事項に含まれていないので、現住所が変わっても免状の書換えを申請する必要はない。

**13** ×

免状の書換えは、免状を交付した**都道府県知事**または居住地もしくは勤務地を管轄する**都道府県知事**に申請する。

**14** ○

危険物取扱者免状には、過去 10 年以内に撮影した写真を記載することとされている。したがって、免状に添付された写真が撮影から 10 年を経過する前に免状の書換えを申請しなければならない。

**15** ×

免状の再交付は、**免状の交付または書換え**を受けた都道府県知事に申請する。

**16** ×

免状を亡失してその交付を受けた者は、亡失した免状を発見した場合は、これを 10 日以内に免状の再交付を受けた都道府県知事に提出しなければならない。

## 問題

**17** 危険物取扱者免状の交付を受けた者は、交付を受けた日から１年以内に講習を受けなければならない。

**18** 製造所等において新たに危険物の取扱作業に従事することになった危険物取扱者は、原則として、危険物の取扱作業に従事することになった日から１年以内に講習を受けなければならない。

**19** 危険物取扱者でない者も、製造所等において危険物の取扱作業に従事する場合は、その作業に従事することになった日から１年以内に講習を受けなければならない。

**20** 現に製造所等において危険物の取扱作業に従事していない危険物取扱者は、講習を受けなくてよい。

**21** 講習は、居住地または勤務地を管轄する都道府県知事が実施するものを受講する。

**22** 製造所等において継続して危険物の取扱作業に従事している危険物取扱者は、前回講習を受けた日以後における最初の４月１日から２年以内に講習を受けなければならない。

**23** 危険物保安監督者に選任された危険物取扱者は、選任された日から６か月以内に講習を受けなければならない。

**24** 講習を受ける義務がある危険物取扱者が受講しなかった場合、免状の返納を命じられることがある。

## 解答・解説

**17** ×
保安講習を受けなければならないのは、製造所等において**危険物の取扱作業**に従事する危険物取扱者である。危険物取扱者免状の交付を受けただけでは受講義務は生じない。

**18** ○
危険物の取扱作業に従事することになった日の前**2**年以内に危険物取扱者免状の交付を受け、または講習を受けている場合は、免状の交付または講習を受けた日以後の最初の４月１日から**3**年以内に講習を受ければよい。

**19** ×
製造所等において危険物の取扱作業に従事していても、**危険物取扱者**でない者は保安講習を受ける義務はない。

**20** ○
危険物取扱者の免状を取得していても、製造所等において**危険物の取扱作業**に従事していない場合は保安講習を受ける義務はない。

**21** ×
保安講習の受講場所の指定はなく、全国のどの**都道府県**で受講してもよい。

**22** ×
製造所等において継続して危険物の取扱作業に従事している危険物取扱者は、前回講習を受けた日以後における最初の４月１日から**3**年以内に講習を受けなければならない。

**23** ×
危険物保安監督者に選任された場合も、保安講習の受講義務については製造所等で危険物の取扱作業に従事する他の危険物取扱者と同様で、危険物保安監督者に選任されたことにより新たな**受講義務**が生じることはない。

**24** ○
保安講習の受講は**消防法**に基づく義務であるから、これに違反した場合は、免状の返納を命じられることがある（p.39 参照）。

# Lesson 05 危険物施設の保安体制

## 危険物施設の保安体制

・危険物施設での災害の発生防止のために、法令上、製造所等で保安の確保等に関する業務を行う者として、危険物保安統括管理者、危険物保安監督者、危険物施設保安員が選任される。

・これらを選任するのは製造所等の所有者、管理者または占有者である。

| | 選任単位 | 資　格 | 選任・解任の届出先 | 選任・解任を行う人 |
|---|---|---|---|---|
| 危険物保安統括管理者 | 事業所ごと | 不要 | 市町村長等（遅滞なく） | 製造所等の所有者等 |
| 危険物保安監督者 | 製造所等ごと | ・甲種または乙種危険物取扱者*<br>・6か月以上の危険物取扱いの実務経験 | | |
| 危険物施設保安員 | 製造所等ごと | 不要 | 不要 | |

＊乙種の場合は、その製造所等で取り扱う危険物の類の免状が必要。

第４類危険物を大量に扱う事業所の保安体制

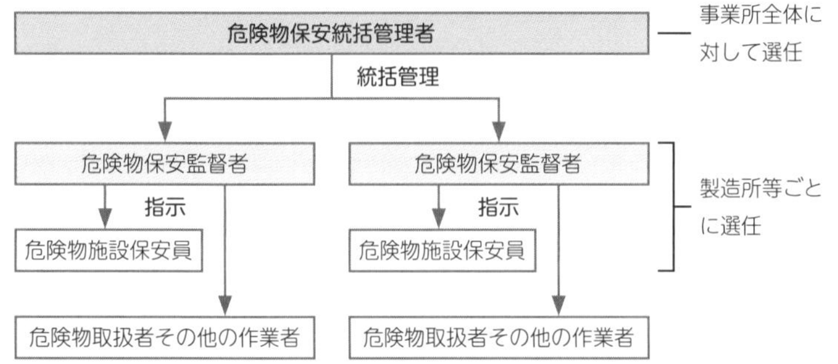

## 市町村長等による解任命令

・市町村長等は、次の①または②の場合は、製造所、貯蔵所または取扱所の所有者、管理者または占有者に対し、危険物保安統括管理者または危険物保安監督者の解任を命ずることができる。

①危険物保安統括管理者もしくは危険物保安監督者が消防法もしくは消防法に基づく命令の規定に違反したとき

②これらの者にその業務を行わせることが公共の安全の維持もしくは災害の発生の防止に支障を及ぼすおそれがあると認めるとき

⇒危険物施設保安員には、市町村長等による解任命令の規定はない。

## 危険物保安統括管理者の選任が必要な事業所

・危険物保安統括管理者を選任しなければならない事業所は、第４類危険物を取り扱う製造所、移送取扱所または一般取扱所のうち、下表に該当するもの（総務省令で定めるものを除く）を有する事業所である。

| 製造所等の区分 | 取り扱う第４類危険物の数量 |
|---|---|
| 製造所 | 指定数量の 3,000 倍以上 |
| 一般取扱所 | |
| 移送取扱所 | 指定数量以上 |

## 危険物保安監督者の選任が必要な製造所等

○＝危険物保安監督者の選任が必要

| 製造所等の区分 | | 危険物の数量 | | | | | |
|---|---|---|---|---|---|---|---|
| | | 第４類の危険物 | | | | 第４類以外の危険物 | |
| | | 指定数量の倍数 30 以下 | | 指定数量の倍数 30 超 | | 指定数量の倍数 30 以下 | 指定数量の倍数 30 超 |
| | | 引火点 40℃以上 | 引火点 40℃未満 | 引火点 40℃以上 | 引火点 40℃未満 | | |
| 製造所 | | ○ | ○ | ○ | ○ | ○ | ○ |
| 屋内貯蔵所 | | | ○ | ○ | ○ | ○ | ○ |
| 屋外タンク貯蔵所 | | ○ | ○ | ○ | ○ | ○ | ○ |
| 屋内タンク貯蔵所 | | | ○ | | ○ | ○ | ○ |
| 地下タンク貯蔵所 | | | ○ | ○ | ○ | ○ | ○ |
| 簡易タンク貯蔵所 | | | ○ | | ○ | ○ | ○ |
| 移動タンク貯蔵所 | | | | | | | |
| 屋外貯蔵所 | | | | ○ | ○ | | ○ |
| 給油取扱所 | | ○ | ○ | ○ | ○ | ○ | ○ |
| 販売取扱所 | 第一種 | | ○ | ／ | ／ | ○ | ／ |
| | 第二種 | | ○ | | ○ | ○ | ○ |
| 移送取扱所 | | ○ | ○ | ○ | ○ | ○ | ○ |
| 一般取扱所 | ※ | | ○ | ○ | ○ | ○ | ○ |
| | 上記以外 | ○ | ○ | ○ | ○ | ○ | ○ |

※ボイラー、バーナーその他これらに類する装置で危険物を消費するもの、危険物を容器に詰め替えるもの

⇒製造所、屋外タンク貯蔵所、給油取扱所、移送取扱所は、すべてに危険物保安監督者の選任が必要。

⇒移動タンク貯蔵所は、危険物保安監督者の選任を必要としない。

## 危険物施設保安員の選任が必要な製造所等

・危険物施設保安員を定めなければならない製造所等は、下表に該当するものである（総務省令で定めるものを除く）。

| 製造所等の区分 | 取り扱う第４類危険物の数量 |
|---|---|
| 製造所 | 指定数量の倍数が 100 以上 |
| 一般取扱所 | |
| 移送取扱所 | すべて |

## 危険物保安監督者と危険物施設保安員の業務

### 危険物保安監督者の業務（一部抜粋）

・危険物の取扱作業の実施に際し、その作業が危険物の貯蔵・取扱いの技術上の基準及び予防規程等の保安に関する規定に適合するように作業者（作業に立ち会う危険物取扱者を含む）に対し必要な指示を与えること
・火災等の災害が発生した場合は、作業者を指揮して応急の措置を講ずるとともに、直ちに消防機関その他関係のある者に連絡すること
・危険物施設保安員を置く製造所等では、危険物施設保安員に必要な指示を行うこと
・危険物施設保安員を置かない製造所等では、これらの業務を行うこと
・火災等の災害の防止に関し、隣接する製造所等その他関連する施設の関係者との間に連絡を保つこと

### 危険物施設保安員の業務（一部抜粋）

・製造所等の構造及び設備を技術上の基準に適合するように維持するため、定期及び臨時の点検を行うこと
・点検を行った場所の状況及び保安のために行った措置を記録し、保存すること
・製造所等の構造及び設備に異常を発見した場合は、危険物保安監督者その他関係のある者に連絡するとともに状況を判断して適当な措置を講ずること

## 問題

**1** 危険物保安統括管理者は、事業所全体としての危険物の保安に関する業務を統括的に管理する。

**2** 危険物保安統括管理者は、甲種または乙種危険物取扱者でなければならない。

**3** 一定数量以上の第 4 類の危険物を取り扱う販売取扱所を有する事業所には、危険物保安統括管理者を置かなければならない。

**4** 指定数量の 3,000 倍の第 4 類の危険物を取り扱う一般取扱所（総務省令で定めるものを除く）を有する事業所には、危険物保安統括管理者を置かなければならない。

**5** 指定数量の 1,000 倍の第 4 類危険物を取り扱う製造所を有する事業所には、危険物保安統括管理者を置かなければならない。

**6** 危険物保安統括管理者は、6 か月以上の危険物取扱いの実務経験を有する者でなければならない。

**7** 危険物保安統括管理者を選任したときは、遅滞なく、所轄消防長または消防署長に届け出なければならない。

**8** 製造所、貯蔵所または取扱所の所有者、管理者または占有者は、市町村長等から危険物保安統括管理者の解任を命じられることがある。

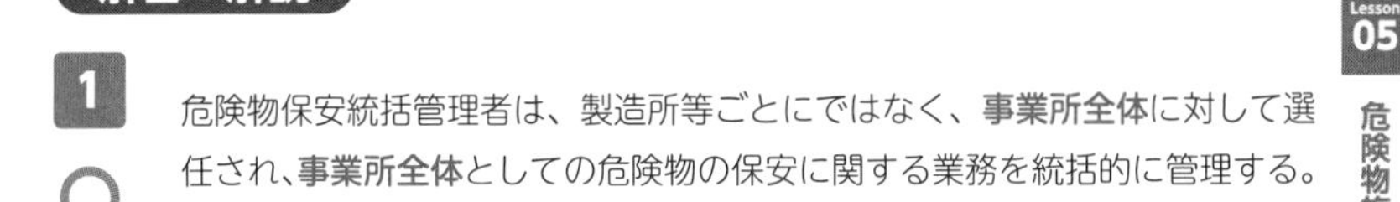




**1** ○

危険物保安統括管理者は、製造所等ごとにではなく、**事業所全体**に対して選任され、**事業所全体**としての危険物の保安に関する業務を統括的に管理する。

**2** ×

危険物保安統括管理者は、**危険物取扱者**でなくともよい。危険物保安統括管理者となるための資格は特に定められていないが、その業務の性質上、事業所全体を統括管理する立場の者でなければならない。

**3** ×

製造所等のうち、一定数量以上の第４類危険物を取り扱う場合にその製造所等を含む事業所に危険物保安統括管理者を選任しなければならないのは、**製造所**、**移送取扱所**または**一般取扱所**である。

**4** ○

事業所内に指定数量の **3,000** 倍以上の危険物を取り扱う一般取扱所（総務省令で定めるものを除く）がある場合、その事業所には危険物保安統括管理者を選任しなければならない。

**5** ×

事業所内に指定数量の **3,000** 倍以上の危険物を取り扱う製造所がある場合、その事業所には危険物保安統括管理者を選任しなければならないが、指定数量の 1,000 倍の危険物を取り扱う製造所はその対象とならない。

**6** ×

危険物保安統括管理者となるための資格は特に定められていない。危険物取扱いの**実務経験**の有無や年数なども問われない。

**7** ×

危険物保安統括管理者を選任したときの届出先は、所轄消防長または消防署長ではなく、**市町村長等**である。危険物保安統括管理者を解任したときも同様である。

**8** ○

市町村長等は、危険物保安統括管理者が法令に違反したときや、公共の安全の維持もしくは災害の発生の防止に支障を及ぼすおそれがあると認めるときは、危険物保安統括管理者の**解任**を命ずることができる。

## 問題

**9** 危険物保安監督者に選任されるためには、1年以上の危険物取扱いの実務経験を有していなければならない。

**10** 丙種危険物取扱者は、丙種危険物取扱者が取り扱うことができる危険物のみを取り扱う製造所等に限り、危険物保安監督者となることができる。

**11** 乙種第4類の免状を取得した危険物取扱者は、ガソリン、軽油、灯油を取り扱う給油取扱所の危険物保安監督者となることができる。

**12** 製造所には、取り扱う危険物の品名や数量にかかわらず、危険物保安監督者を選任しなければならない。

**13** 指定数量の倍数30以下の第4類危険物のみを貯蔵し、取り扱う屋外タンク貯蔵所には、危険物保安監督者を選任しなくてよい。

**14** 危険物保安監督者の選任が必要な製造所等では、危険物保安統括管理者も定めなければならない。

**15** 危険物保安監督者を定めたときは、市町村長等の認可を受けなければならない。

**16** 危険物保安監督者を定めるのは、製造所等の所有者等である。

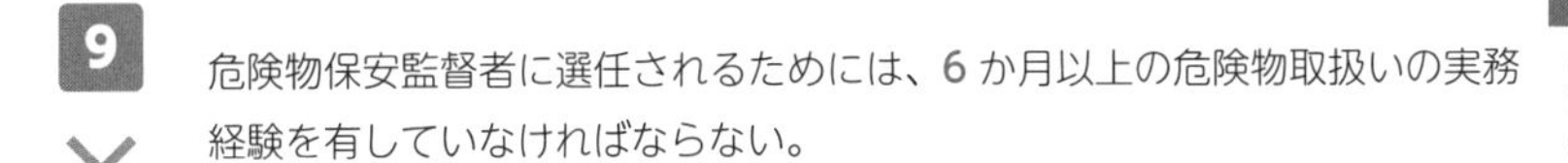




**9** ×

危険物保安監督者に選任されるためには、6 か月以上の危険物取扱いの実務経験を有していなければならない。

**10** ×

丙種危険物取扱者は、危険物保安監督者になることはできない。

**11** ○

乙種危険物取扱者は、免状を取得している類の危険物を取り扱う製造所等の危険物保安監督者になることができる。

**12** ○

**製造所**は、危険物の数量等にかかわらず、すべてに危険物保安監督者の選任が必要である。

**13** ×

**屋外タンク貯蔵所**は、危険物の数量等にかかわらず、すべてに危険物保安監督者の選任が必要である。

**14** ×

問題文のような規定はない。危険物保安統括管理者は、製造所等ごとにではなく、製造所等を有する**事業所**に対して選任するものである（危険物保安統括管理者の選任が必要な事業所については p.49 参照）。

**15** ×

危険物保安監督者を定めたときは、遅滞なくその旨を市町村長等に**届け出**なければならない。危険物保安監督者を解任したときも同様である。

**16** ○

危険物保安監督者を定めるのは、製造所等の**所有者**、**管理者**または**占有者**である（これらの者を製造所等の**所有者等**という）。

## 問題

**17** 危険物施設保安員は、甲種、乙種、丙種のいずれかの危険物取扱者免状を取得した者でなければならない。

**18** 製造所等の所有者等は、危険物施設保安員を定めたときは、遅滞なくその旨を市町村長等に届け出なければならない。

**19** 移送取扱所では、指定数量の倍数にかかわらず、すべてに危険物施設保安員を定めなければならない（総務省令で定めるものを除く）。

**20** 危険物保安監督者は、危険物施設保安員の指示に従って、危険物の取扱作業に関する保安の監督をしなければならない。

**21** 危険物施設保安員は、製造所等の構造及び設備を技術上の基準に適合するように維持するため、定期及び臨時の点検を行う。

**22** 危険物施設保安員は、製造所等の点検を行ったときは、点検を行った場所の状況及び保安のために行った措置を記録し、所轄消防長または消防署長に報告しなければならない。

**23** 危険物保安監督者は、危険物施設保安員を置かない製造所等では、危険物施設保安員の業務も行うこととされている。

**24** 危険物施設保安員は、危険物保安監督者が職務を行うことができない場合は、危険物保安監督者に代わって危険物の取扱作業に関する保安の監督をしなければならない。

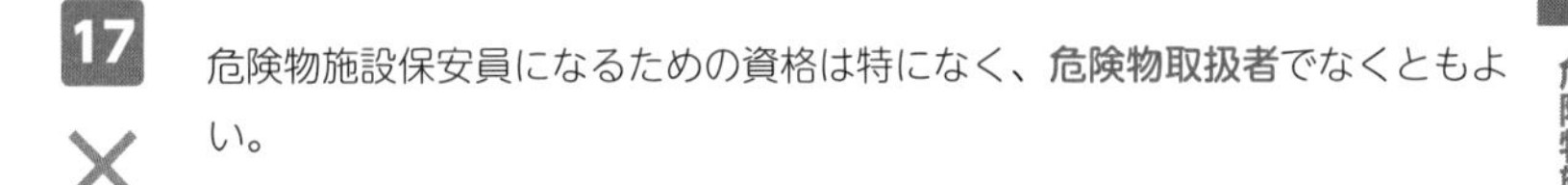




**17** ×

危険物施設保安員になるための資格は特になく、**危険物取扱者**でなくともよい。

**18** ×

危険物施設保安員を定めたときは、市町村長等に**届け出る**必要はない。

**19** ○

危険物施設保安員を定めなければならない製造所等は、製造所または一般取扱所で指定数量の倍数が 100 以上の危険物を取り扱うものと、**すべての**移送取扱所である（いずれも総務省令で定めるものを除く）。

**20** ×

危険物施設保安員を置く製造所等では、**危険物保安監督者**が危険物施設保安員に必要な指示を行うこととされている。問題文では、指示を行う者と指示を受ける者の関係が逆になっている。

**21** ○

危険物施設保安員を置く製造所等の所有者等は、製造所等の構造及び設備を技術上の基準に適合するように維持するため、危険物施設保安員に定期及び臨時の**点検**を行わせなければならない。

**22** ×

危険物施設保安員は、点検を行った場所の状況及び保安のために行った措置を記録し、**保存**することとされている。所轄消防長または消防署長への報告は義務づけられていない。

**23** ○

危険物保安監督者は、危険物施設保安員を置く製造所等では、危険物施設保安員に必要な指示を行い、危険物施設保安員を置かない製造所等では、**危険物施設保安員の業務**も行うこととされている。

**24** ×

問題文のような規定はない。危険物保安監督者が職務を行うことができない場合の代行者については**予防規程**に定めることとされているが、代行者が危険物施設保安員である必要はない（p.59 参照）。

# Lesson 06 予防規程／製造所等の定期点検

## 予防規程を定め、遵守する義務

・政令で定める製造所、貯蔵所または取扱所の所有者、管理者または占有者は、当該製造所、貯蔵所または取扱所の火災を予防するため、総務省令で定める事項について予防規程を定め、市町村長等の認可を受けなければならない。これを変更するときも、同様とする。

・市町村長等は、予防規程が（危険物の貯蔵・取扱いの）技術上の基準に適合していないときその他火災の予防のために適当でないと認めるときは、認可をしてはならない。

・市町村長等は、火災の予防のため必要があるときは、予防規程の変更を命ずることができる。

・製造所、貯蔵所または取扱所の所有者、管理者または占有者及びその従業者は、予防規程を守らなければならない。

⇒予防規程を定めたときに必要な手続きは、市町村長等の認可を受けること（許可ではないことに注意）。

⇒予防規程を遵守しなければならない者には、製造所等の従業者も含まれる。

## 予防規程を定めなければならない製造所等

| 製造所等の区分※３※４ | 貯蔵し、または取り扱う第４類危険物の数量 |
|---|---|
| 製造所 | 指定数量の倍数が 10 以上 |
| 屋内貯蔵所 | 指定数量の倍数が 150 以上 |
| 屋外タンク貯蔵所 | 指定数量の倍数が 200 以上 |
| 屋外貯蔵所 | 指定数量の倍数が 100 以上 |
| 給油取扱所 | すべて※１ |
| 移送取扱所 | すべて |
| 一般取扱所 | 指定数量の倍数が 10 以上※２ |

※１自家用の給油取扱所のうち屋内給油取扱所以外のものを除く。
※２指定数量の倍数が 30 以下の一般取扱所で、引火点 40℃以上の第４類危険物のみを容器に詰め替えるものを除く。
※３鉱山保安法の規定による保安規程を定めている製造所等を除く。
※４火薬類取締法の規定による危害予防規程を定めている製造所等を除く。

## 予防規程に定めるべき主な事項

- 危険物の保安に関する業務を管理する者の職務及び組織に関すること。
- 危険物保安監督者が、旅行、疾病その他の事故によってその職務を行うことができない場合にその職務を代行する者に関すること。
- 化学消防自動車の設置その他自衛の消防組織に関すること。
- 危険物の保安に係る作業に従事する者に対する保安教育に関すること。
- 危険物の保安のための巡視、点検及び検査に関すること。
- 危険物施設の運転または操作に関すること。
- 危険物の取扱作業の基準に関すること。
- 災害その他の非常の場合に取るべき措置に関すること。
- 地震や地震に伴う津波が発生し、または発生するおそれがある場合における施設及び設備に対する点検、応急措置等に関すること。

## 定期点検の実施と点検記録の作成・保存

・政令で定める製造所、貯蔵所または取扱所の所有者、管理者または占有者は、これらの製造所、貯蔵所または取扱所について、総務省令で定めるところにより、定期に点検し、その点検記録を作成し、これを保存しなければならない。

## 定期点検を行わなければならない製造所等

| 製造所等の区分※3 | 貯蔵し、または取り扱う危険物の数量 |
|---|---|
| 製造所 | 指定数量の倍数が 10 以上のもの及び地下タンクを有するもの |
| 屋内貯蔵所 | 指定数量の倍数が 150 以上 |
| 屋外タンク貯蔵所 | 指定数量の倍数が 200 以上 |
| 屋外貯蔵所 | 指定数量の倍数が 100 以上 |
| 地下タンク貯蔵所 | すべて |
| 移動タンク貯蔵所 | すべて |
| 給油取扱所 | 地下タンクを有するもの |
| 移送取扱所 | すべて※1 |
| 一般取扱所 | 指定数量の倍数が 10 以上のもの※2 及び地下タンクを有するもの |

※ 1 配管の延長 15km を超えるもの及び配管の最大常用圧力 0.95MPa 以上で、かつ配管の延長 7km 以上 15km 以下のものを除く。

※ 2 指定数量の倍数が 30 以下の一般取扱所で、引火点 40℃以上の第 4 類危険物のみを容器に詰め替えるものを除く。

※ 3 鉱山保安法による保安規程、火薬類取締法による危害予防規程を定めている製造所等を除く。

⇒定期点検は、製造所等の位置、構造及び設備が技術上の基準に適合しているかどうかについて行う。

⇒地下タンク貯蔵所と、地下タンクを有する製造所、取扱所は定期点検が必要。

**点検の時期**：原則として１年に１回以上
**点検記録の保存期間**：原則として３年間

## 定期点検の点検実施者

①**危険物取扱者**
②**危険物施設保安員**
③危険物取扱者以外の者（危険物取扱者の立会いを受けた場合）

⇒③の場合、立会いを行うのは丙種危険物取扱者でもよい。

## 点検記録の記載事項

・点検をした製造所等の名称
・点検の方法及び結果
・点検年月日
・点検を行った危険物取扱者もしくは危険物施設保安員または点検に立会った危険物取扱者の氏名

## 定期点検の点検実施者（漏れの点検等）

下記の点検を実施する者については、以下の条件が加わる。

・地下貯蔵タンク（二重殻タンクを除く）の漏れの点検
・二重殻タンクの強化プラスチック製の外殻の漏れの点検
・地盤面下に設置された配管（地下埋設配管）の漏れの点検
・移動貯蔵タンクの漏れの点検
⇒点検の方法に関する知識及び技能を有する者が実施しなければならない。

・第三種の固定式の泡消火設備を設ける屋外タンク貯蔵所に係る、泡消火設備の泡の適正な放出を確認する一体的な点検
⇒泡の発泡機構、泡消火薬剤の性状及び性能の確認等に関する知識及び技能を有する者が実施しなければならない。

上記の点検を実施する者は、
①危険物取扱者
②危険物施設保安員
③危険物取扱者以外の者（危険物取扱者の立会いを受けた場合）
のうちのいずれかであって、さらに上記の条件を満たしていなければならない。

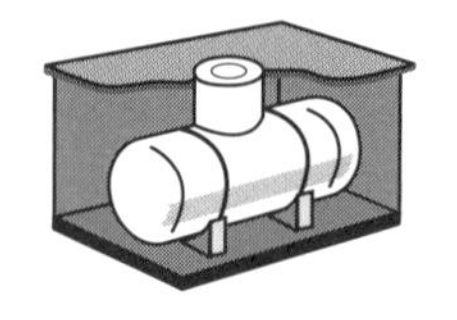
地下タンク貯蔵所

移動タンク貯蔵所

屋外タンク貯蔵所

## 点検の時期と点検記録の保存期間（漏れの点検）

<table>
<tr><th>点検箇所</th><th colspan="2">点検の時期</th><th>点検記録の保存期間</th></tr>
<tr><td>地下貯蔵タンク（二重殻タンクを除く）の漏れの点検</td><td rowspan="4">完成検査済証の交付を受けた日または前回の漏れの点検を行った日から</td><td>１年（一定の条件を満たす場合は３年）を超えない日までの期間内に１回以上</td><td rowspan="3">３年間</td></tr>
<tr><td>二重殻タンクの強化プラスチック製の外殻の漏れの点検</td><td>３年を超えない日までの期間内に１回以上</td></tr>
<tr><td>地下埋設配管の漏れの点検</td><td>１年（一定の条件を満たす場合は３年）を超えない日までの期間内に１回以上</td></tr>
<tr><td>移動貯蔵タンクの漏れの点検</td><td>５年を超えない日までの期間内に１回以上</td><td>10年間</td></tr>
</table>

なお、以下のものについては、漏れの点検の実施を免除されている。

・二重殻タンクの内殻
・危険物の微少な漏れを検知しその漏えい拡散を防止するための告示で定める措置が講じられているもの
・二重殻タンクの強化プラスチック製の外殻のうち、当該外殻と地下貯蔵タンクとの間げきに危険物の漏れを検知するための液体が満たされているもの
・地下埋設配管またはその部分のうち、危険物の微少な漏れを検知しその漏えい拡散を防止するための措置が講じられているもの

⇒地下貯蔵タンク（二重殻タンクを除く）のうち、完成検査を受けた日から15年を超えないものについては、漏れの点検の時期が３年以内に１回以上と緩和されている。

## 問題

**1**

製造所では、取り扱う危険物の指定数量の倍数にかかわらず、予防規程を定めなければならない。

**2**

指定数量の倍数が 20 の危険物を貯蔵する屋外貯蔵所では、予防規程を定めなければならない。

**3**

屋外に設置する自家用給油取扱所では、予防規程を定めなくてよい。

**4**

予防規程を定めたときまたは変更したときは、市町村長等に届け出なければならない。

**5**

製造所等の所有者等及びその従業者は、予防規程を守らなければならない。

**6**

製造所等の所有者等は、所轄消防長または消防署長から予防規程の変更を命じられることがある。

**7**

予防規程には、危険物取扱者が、旅行、疾病その他の事故によってその職務を行うことができない場合にその職務を代行する者に関することを定めなければならない。

**8**

予防規程には、地震が発生した場合における施設及び設備に対する点検、応急措置等に関することを定めなければならない。

## 解答・解説

**1** ×
製造所では、取り扱う危険物の指定数量の倍数が 10 以上の場合、予防規程を定めなければならない（鉱山保安法による保安規程または火薬類取締法による危害予防規程を定めているものを除く）。

**2** ×
指定数量の倍数が 100 以上の危険物を貯蔵する屋外貯蔵所では、予防規程を定めなければならない（鉱山保安法による保安規程または火薬類取締法による危害予防規程を定めているものを除く）。

**3** ○
自家用給油取扱所のうち、**屋内**給油所に該当するものについては、予防規程を定めることが義務づけられている。

**4** ×
予防規程を定めたときまたは変更したときは、市町村長等の**認可**を受けなければならない。

**5** ○
製造所等の**所有者**、**管理者**または**占有者**及びその**従業者**は、予防規程を守らなければならない。

**6** ×
**市町村長等**は、火災の予防のため必要があるときは、予防規程の変更を命ずることができる。所轄消防長または消防署長にはそのような権限はない。

**7** ×
予防規程には、**危険物保安監督者**がその職務を行うことができない場合の代行者について定めなければならない。そのほか、予防規程に定めなければならない事項が総務省令により定められている。

**8** ○
予防規程には、**地震**や地震に伴う**津波**が発生し、または発生するおそれがある場合における施設及び設備に対する点検、応急措置等に関することを定めなければならない。

## 問題

**9** 定期点検は、製造所等が危険物の貯蔵及び取扱いの技術上の基準に適合しているかどうかについて点検を行うものである。

**10** 地下タンクを有する一般取扱所は、定期点検を実施しなければならない。

**11** 屋内タンク貯蔵所は、定期点検を実施しなければならない。

**12** 定期点検は、原則として１年に１回以上実施しなければならない。

**13** 製造所等の所有者等は、定期点検を行った場合はその記録を作成し、市町村長等に提出しなければならない。

**14** 製造所等の所有者等は、定期点検を行った場合はその記録を作成し、原則として１年間保存しなければならない。

**15** 危険物施設保安員が立ち会う場合は、危険物取扱者以外の者でも定期点検を行うことができる。

**16** 丙種危険物取扱者が立ち会う場合は、危険物取扱者以外の者でも定期点検を行うことができる。

## 解答・解説

**9** ×

定期点検は、製造所等の**位置**、**構造**及び**設備**が技術上の基準に適合しているかどうかについて行う。

**10** ○

地下タンク貯蔵所と、地下タンクを有する製造所、**取扱所**は定期点検を実施しなければならない。

**11** ×

屋内タンク貯蔵所については、定期点検の実施は**義務づけられていない**。

**12** ○

定期点検は、原則として１年に１回以上実施しなければならない（例外となるものについてはp.63参照）。

**13** ×

定期点検の記録は、一定期間**保存**することが義務づけられているが、市町村長等に提出する必要はない。ただし、消防機関から提出を求められることがある。

**14** ×

定期点検の記録は、原則として３年間保存しなければならない（例外となるものについてはp.63参照）。

**15** ×

危険物施設保安員は定期点検を行うことができるが、危険物取扱者以外の者が行う定期点検の**立会い**はできない（危険物施設保安員が危険物取扱者の免状を取得している場合は、定期点検の立会いができる）。

**16** ○

危険物取扱者の立会いを受けた場合は、危険物取扱者以外の者でも定期点検を行うことができる。この場合、立会いを行うのは**丙種**危険物取扱者でもよい。

## 問題

**17** 地下貯蔵タンクの漏れの点検は、点検の方法に関する知識及び技能を有する者が実施しなければならない。

**18** 二重殻タンクの強化プラスチック製の外殻の漏れの点検は、3 年以内に 1 回以上行わなければならない。

**19** 地下貯蔵タンクの漏れの点検の点検記録は、5 年間保存しなければならない。

**20** 地下貯蔵タンクの漏れの点検は、タンクの容量が 3,000L 以上のものについて行わなければならない。

**21** 移動貯蔵タンクの漏れの点検は、3 年以内に 1 回以上行わなければならない。

**22** 移動貯蔵タンクの漏れの点検の点検記録は、3 年間保存しなければならない。

**23** 地下貯蔵タンク（二重殻タンクを除く）のうち、完成検査を受けた日から 15 年を超えないものについては、漏れの点検は免除されている。

**24** 二重殻タンクの内殻については、漏れの点検は免除されている。

## 解答・解説

**17** ○
二重殻タンクの強化プラスチック製の**外殻**の漏れの点検、地盤面下に設置された配管（地下埋設配管）の漏れの点検、**移動貯蔵**タンクの漏れの点検についても同様である。

**18** ○
二重殻タンクの強化プラスチック製の外殻の漏れの点検は、完成検査済証の交付を受けた日または前回の漏れの点検を行った日から **3** 年を超えない日までの期間内に１回以上行わなければならない。

**19** ×
地下貯蔵タンクの漏れの点検の点検記録は、**3** 年間保存しなければならない。

**20** ×
地下貯蔵タンクの漏れの点検は、タンクの**容量**にかかわらず、１年（一定の条件を満たす場合は３年）を超えない日までの期間内に１回以上行わなければならない。

**21** ×
移動貯蔵タンクの漏れの点検は、完成検査済証の交付を受けた日または前回の漏れの点検を行った日から **5** 年を超えない日までの期間内に１回以上行わなければならない。

**22** ×
移動貯蔵タンクの漏れの点検の点検記録は、**10** 年間保存しなければならない。

**23** ×
問題文のような規定はない。なお、地下貯蔵タンク（二重殻タンクを除く）のうち、完成検査を受けた日から 15 年を超えないものについては、漏れの点検の時期が **3** 年以内に１回以上と緩和されている。

**24** ○
二重殻タンクの**内殻**については、漏れの点検は免除されている。このほか、地下貯蔵タンクまたはその部分のうち、漏れの点検の実施を免除されているものについては p.63 参照。

# 製造所等の位置・構造・設備の基準①＜保安距離・保有空地＞

## 保安距離

製造所等のうち、下記のものについては、付近の学校、病院等の保安対象物に対して火災、爆発等の災害の影響を及ぼさないために、保安対象物から当該製造所等の外壁またはこれに相当する工作物の外側までの間に一定の距離を保つこととされている。その距離を保安距離という。

**保安距離を必要とする製造所等**

製造所　屋内貯蔵所　屋外タンク貯蔵所　屋外貯蔵所　一般取扱所

製造所等の保安距離

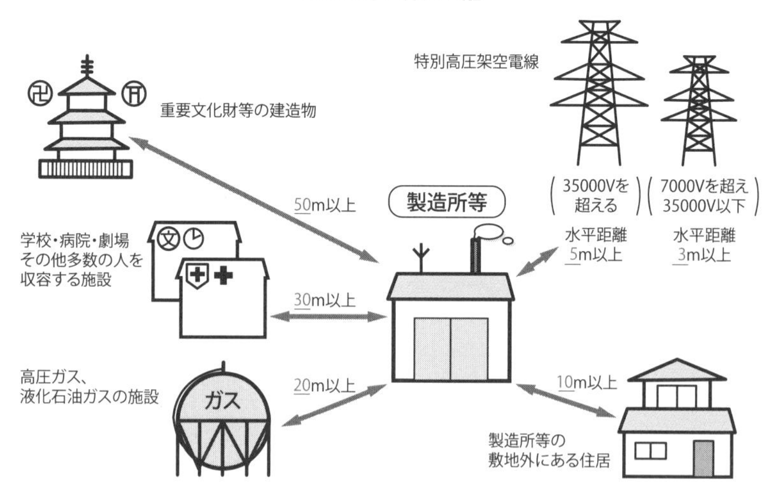

## 保有空地

製造所等のうち、下記のものについては、危険物を取り扱う建築物その他の工作物の周囲に、消防活動及び延焼防止のための空地(くうち)を確保しなければならない。その空地を保有空地という。

**保有空地を必要とする製造所等**

製造所　屋内貯蔵所　屋外タンク貯蔵所　屋外貯蔵所　一般取扱所

（ここまでは保安距離と同じ）

＋

簡易タンク貯蔵所（屋外に設けるもの）

移送取扱所（地上設置のもの）

⇒保有空地内には、いかなる物品も置くことができない。

⇒保有空地の幅は、製造所等の区分や、貯蔵し、または取り扱う危険物の数量によって異なる。

## 製造所・一般取扱所の保有空地

製造所、一般取扱所において確保しなければならない保有空地の幅は下表のとおり。

| 区分 | 保有空地の幅 |
|---|---|
| 指定数量の倍数が 10 以下の製造所・一般取扱所 | 3m 以上 |
| 指定数量の倍数が 10 を超える製造所・一般取扱所 | 5m 以上 |

⇒その他の危険物施設の保有空地の幅は、Lesson 09 ～ 10 参照。

## 問題

**1** 使用電圧が 6,600V の高圧架空電線と製造所の外壁等との間には、水平距離 3m 以上の保安距離を保たなければならない。

**2** 病院と製造所の外壁等との間には、30m 以上の保安距離を保たなければならない。

**3** 重要文化財に指定された建築物と製造所の外壁等との間には、30m 以上の保安距離を保たなければならない。

**4** 屋外タンク貯蔵所は、付近の学校、病院等の保安対象物に対して一定の保安距離を保たなければならない。

**5** 給油取扱所は、付近の学校、病院等の保安対象物に対して一定の保安距離を保たなければならない。

**6** 指定数量の倍数が 10 を超える製造所では、危険物を取り扱う建築物その他の工作物の周囲に幅 3m 以上の保有空地を確保しなければならない。

**7** 付近の学校、病院等の保安対象物に対して一定の保安距離を保つこととされている施設については、保有空地を確保する必要はない。

**8** 屋外に設置する簡易タンク貯蔵所には、保有空地を確保しなければならない。

## 解答・解説

**1** ×

使用電圧が**7,000**V を超え 35,000V 以下の**特別高圧架空電線**については製造所の外壁等との間に水平距離 3m 以上の、35,000V を超えるものについては水平距離 5m 以上の保安距離を保たなければならない。

**2** ○

学校、病院、劇場その他多数の人を収容する施設で総務省令で定めるものと製造所の外壁等との間には、**30**m 以上の保安距離を保たなければならない。

**3** ×

重要文化財に指定された建築物と製造所の外壁等との間には、**50**m 以上の保安距離を保たなければならない。

**4** ○

「○○タンク貯蔵所」と称される貯蔵所のうち、保安距離が必要なのは**屋外タンク貯蔵所**のみである。

**5** ×

給油取扱所は、**保安距離**を必要とする製造所等に含まれない。

**6** ×

指定数量の倍数が 10 を超える製造所では、危険物を取り扱う建築物その他の工作物の周囲に幅 **5**m 以上の保有空地を確保しなければならない。

**7** ×

問題文のような規定はない。保安距離が必要な施設は、**製造所**、**屋内貯蔵所**、**屋外タンク貯蔵所**、**屋外貯蔵所**、**一般取扱所**であるが、これらはすべて保有空地を必要とする施設でもある。

**8** ○

簡易タンク貯蔵所で**屋外**に設置するものについては、タンクの周囲に 1m 以上の保有空地を確保しなければならない（p.84 参照）。

# Lesson 08 製造所等の位置・構造・設備の基準②＜製造所＞

## 製造所の位置に関する基準

⇒製造所の保安距離・保有空地については、p.70 ～ 71 参照。

## 製造所の構造に関する基準

製造所において危険物を取り扱う建築物の構造については、以下のように定められている。

| |
|---|
| ・地階を有しないものであること。 |
| ・壁、柱、床、はり及び階段を不燃材料で造るとともに、延焼のおそれのある外壁を出入口以外の開口部を有しない耐火構造の壁とすること。 |
| ・屋根を不燃材料で造るとともに、金属板その他の軽量な不燃材料でふくこと。ただし、第２類の危険物（粉状のもの及び引火性固体を除く）のみを取り扱う建築物は、屋根を耐火構造とすることができる。<br>⇒屋根を「軽量な不燃材料でふくこと」とされているのは、万一爆発したときに爆風が上に抜けるようにするためである。 |
| ・窓及び出入口には、防火設備（防火戸その他の総務省令で定めるものをいう）を設けるとともに、延焼のおそれのある外壁に設ける出入口には、随時開けることができる自動閉鎖の特定防火設備を設けること。 |
| ・窓または出入口にガラスを用いる場合は、網入ガラスとすること。 |
| ・液状の危険物を取り扱う建築物の床は、危険物が浸透しない構造とするとともに、適当な傾斜を付け、かつ、漏れた危険物を一時的に貯留する貯留設備を設けること。 |

## 製造所の設備に関する基準

| |
|---|
| ・危険物を取り扱う建築物には、危険物を取り扱うために必要な採光、照明及び換気の設備を設けること。 |
| ・危険物を取り扱う機械器具その他の設備は、危険物の漏れ、あふれまたは飛散を防止することができる構造とすること。 |
| ・指定数量の倍数が 10 以上の製造所には、避雷設備を設けること（ただし、周囲の状況によって安全上支障がない場合はその限りでない）。 |
| ・静電気が発生するおそれのある設備には、接地等、静電気を有効に除去する装置を設けること。 |

**製造所の基準**

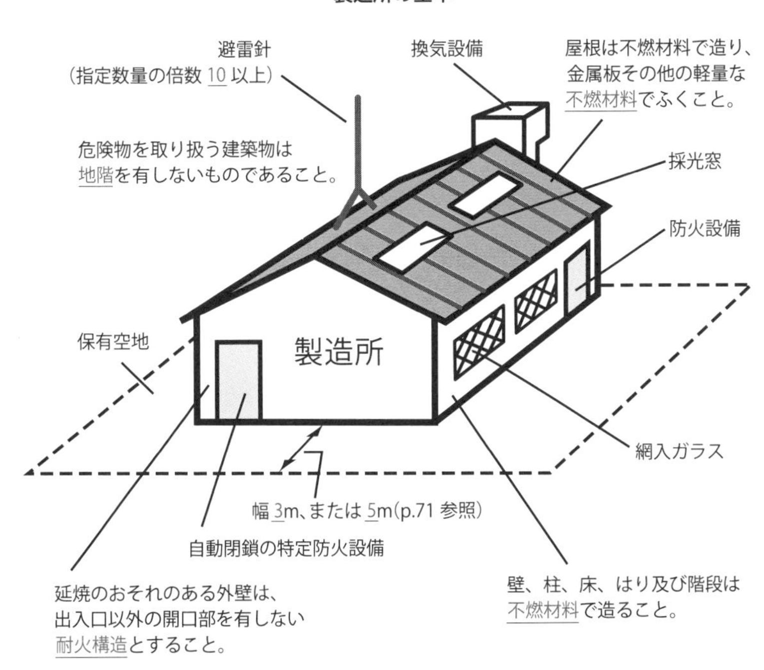

## 問題

**1** 製造所において危険物を取り扱う建築物は、地階を有してはならない。

**2** 製造所において危険物を取り扱う建築物の階段は、不燃材料で造らなければならない。

**3** 製造所において危険物を取り扱う建築物の延焼のおそれのある外壁は、不燃材料で造らなければならない。

**4** 製造所において危険物を取り扱う建築物は、屋根を不燃材料で造るとともに、金属板その他の軽量な不燃材料でふき、天井を設けてはならない。

**5** 製造所において液状の危険物を取り扱う建築物の床には、傾斜を設けてはならない。

**6** 製造所において危険物を取り扱う建築物の窓または出入口にガラスを用いる場合は、厚さ 5mm 以上の網入ガラスにしなければならない。

**7** 製造所において危険物を取り扱う建築物には、危険物を取り扱うために必要な照明の設備を設けなければならない。

**8** 指定数量の倍数が 5 以上の危険物を取り扱う製造所には、周囲の状況によって安全上支障がない場合を除き、避雷設備を設けなければならない。

## 解答・解説

**1** ○

製造所において危険物を取り扱う建築物は、**地階**を有してはならない。地階とは、床が地盤面下にある階で、床面から地盤面までの高さがその階の天井の高さの３分の１以上のものをいう（建築基準法施行令による）。

**2** ○

製造所において危険物を取り扱う建築物の壁、柱、床、はり及び**階段**は、不燃材料で造らなければならない。

**3** ×

製造所において危険物を取り扱う建築物の延焼のおそれのある外壁は、出入口以外の開口部を有しない**耐火構造**の壁にしなければならない。

**4** ×

製造所において危険物を取り扱う建築物の屋根については、「**天井**を設けてはならない」という規定はない。それ以外の部分は正しい（第２類の危険物（粉状のもの及び引火性固体を除く）のみを取り扱う建築物を除く）。

**5** ×

製造所において液状の危険物を取り扱う建築物の床は、危険物が浸透しない構造とするとともに、適当な**傾斜**を付け、かつ、漏れた危険物を一時的に貯留する貯留設備を設けなければならない。

**6** ×

製造所において危険物を取り扱う建築物の窓または出入口にガラスを用いる場合は、**網入**ガラスにしなければならない。網入ガラスの**厚さ**に関する規定はない。

**7** ○

製造所において危険物を取り扱う建築物には、危険物を取り扱うために必要な採光、**照明**及び換気の設備を設けなければならない。

**8** ×

指定数量の倍数が 10 以上の製造所には、周囲の状況によって安全上支障がない場合を除き、避雷設備を設けなければならない。

# 製造所等の位置・構造・設備の基準③ <貯蔵所>

## 屋内貯蔵所の位置に関する基準

⇒保安距離については p.70 参照。

⇒保有空地の幅は、貯蔵し、または取り扱う危険物の数量（指定数量の倍数）、壁、柱及び床が耐火構造かどうかによって異なる。

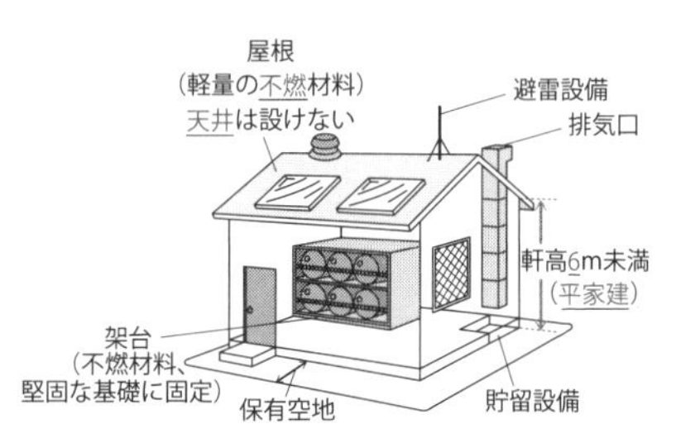


## 屋内貯蔵所の構造に関する基準

| |
|---|
| ・貯蔵倉庫は、独立した専用の建築物とすること。 |
| ・貯蔵倉庫は、地盤面から軒までの高さ（軒高）が 6m 未満の平家建とし、かつ、その床を地盤面以上に設けること。ただし、第２類または第４類の危険物のみの貯蔵倉庫で、総務省令で定める必要な措置を講じているものは、軒高を 20m 未満とすることができる。 |
| ・一の貯蔵倉庫の床面積は、1,000m$^2$ を超えないこと。 |
| ・壁、柱及び床を耐火構造とし、かつ、はりを不燃材料で造るとともに、延焼のおそれのある外壁を出入口以外の開口部を有しない壁とすること（貯蔵する危険物またはその量に応じた緩和措置あり）。 |
| ・屋根を不燃材料で造るとともに、金属板その他の軽量な不燃材料でふき、かつ、天井を設けないこと（貯蔵する危険物に応じた緩和措置あり）。 |
| ・窓及び出入口には防火設備を設けるとともに、延焼のおそれのある外壁に設ける出入口には、随時開けることができる自動閉鎖の特定防火設備を設けること。 |
| ・窓または出入口にガラスを用いる場合は、網入ガラスとすること。 |

・液状の危険物の貯蔵倉庫の床は、危険物が浸透しない構造とするとともに、適当な傾斜を付け、かつ、貯留設備を設けること。

## 屋内貯蔵所の設備に関する基準

・貯蔵倉庫に架台を設ける場合は、不燃材料で造るとともに、堅固な基礎に固定し、危険物を収納した容器が容易に落下しない措置を講ずること。

・貯蔵倉庫には、採光、照明及び換気の設備を設けるとともに、引火点が70℃未満の危険物の貯蔵倉庫にあっては、内部に滞留した可燃性の蒸気を屋根上に排出する設備を設けること。

・指定数量の10倍以上の危険物の貯蔵倉庫には、避雷設備を設けること（周囲の状況によって安全上支障がない場合はその限りでない）。

## 屋外タンク貯蔵所の位置に関する基準

⇒保安距離についてはp.70参照。

⇒保有空地の幅は、貯蔵し、または取り扱う危険物の数量（指定数量の倍数）によって異なる。

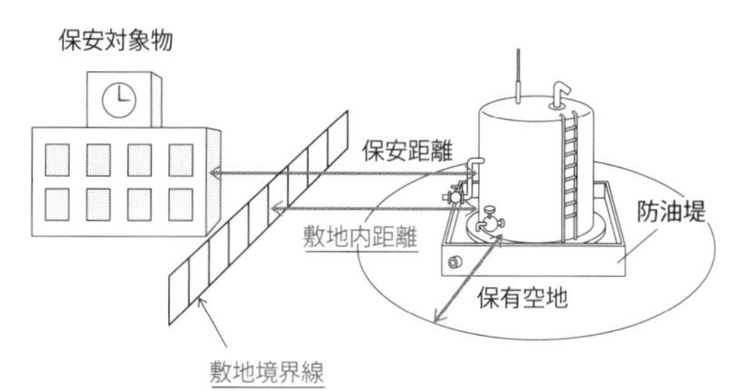


屋外タンク貯蔵所の位置については、保安距離、保有空地のほかに、屋外タンク貯蔵所のみに義務づけられる敷地内距離の規定がある。敷地内距離は、屋外貯蔵タンクの火災による隣地への延焼を防ぐために設けるもので、タンクの側板から敷地境界線までの間に一定の距離を確保することとされている。

## 屋外タンク貯蔵所の構造に関する基準

| |
|---|
| ・屋外貯蔵タンク（特定屋外貯蔵タンクと準特定屋外貯蔵タンク、固体の危険物の屋外貯蔵タンクを除く）は、厚さ 3.2mm 以上の鋼板で造り、圧力タンクは最大常用圧力の 1.5 倍の圧力で 10 分間行う水圧試験に、それ以外のタンクは水張試験に合格したものでなければならない。 |

## 屋外タンク貯蔵所の設備に関する基準

| |
|---|
| ・圧力タンクには安全装置を、圧力タンク以外のタンクには通気管を設けなければならない。 |
| ・液体の危険物の屋外貯蔵タンクには、危険物の量を自動的に表示する装置を設ける。 |
| ・指定数量の倍数が 10 以上の屋外タンク貯蔵所には、避雷設備を設ける（周囲の状況によって安全上支障がない場合を除く）。 |
| ・液体の危険物（二硫化炭素を除く）の屋外貯蔵タンクの周囲には、危険物が漏れた場合にその流出を防止するための防油堤を設ける。 |
| ・防油堤の容量は、屋外貯蔵タンクの容量の 110% 以上、2 以上の屋外貯蔵タンクの周囲に設ける防油堤の容量は、容量が最大であるタンクの容量の 110% 以上とする。 |
| ・防油堤の高さは 0.5m 以上とする。 |
| ・防油堤内の面積は 80,000$m^2$ 以下とする。 |
| ・防油堤内に設置する屋外貯蔵タンクの数は、10 以下（防油堤内に設置するすべての屋外貯蔵タンクの容量が 200kL 以下で、かつ、貯蔵し、または取り扱う危険物の引火点が 70℃以上 200℃未満である場合には 20 以下）とする。<br>・ただし、引火点が 200℃以上の危険物を貯蔵し、または取り扱う屋外貯蔵タンクにはこの規定は適用されない。 |

## 屋内タンク貯蔵所の位置に関する基準

⇒保安距離・保有空地の規制はない。

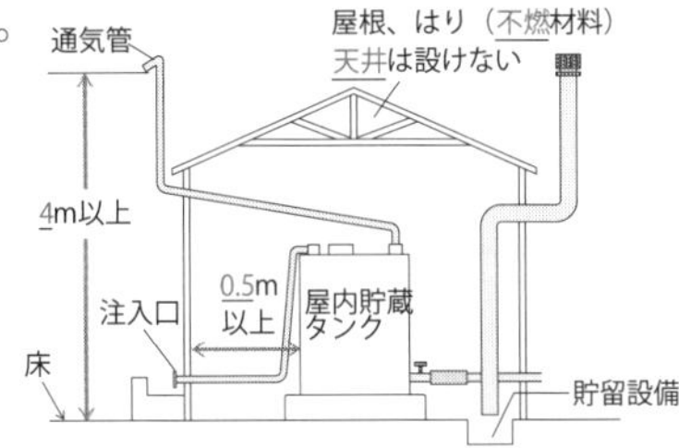


## 屋内タンク貯蔵所の構造に関する基準

| |
|---|
| ・屋内貯蔵タンクは、原則として、平家建の建築物に設けられたタンク専用室に設置する（引火点40℃以上の第４類の危険物のみを貯蔵し、または取り扱うものは平家建でなくともよい）。 |
| ・屋内貯蔵タンクとタンク専用室の壁との間に0.5m以上の間隔を保つ。屋内貯蔵タンクを２以上設置する場合は、それらのタンクの相互間にも0.5m以上の間隔を保つ。 |
| ・屋内貯蔵タンクの容量は、指定数量の40倍（第四石油類及び動植物油類以外の第４類の危険物にあっては、当該数量が20,000Lを超えるときは20,000L）以下とする。 |
| ・同一のタンク専用室に屋内貯蔵タンクを２以上設置する場合は、それらのタンクの容量の総計を上記の数量以下とする。 |
| ・平家建の建築物に設けるタンク専用室は、壁、柱及び床を耐火構造とし、かつ、はりを不燃材料で造るとともに、延焼のおそれのある外壁を出入口以外の開口部を有しない壁とする。<br>・ただし、引火点70℃以上の第４類の危険物のみを貯蔵するタンク専用室は、延焼のおそれのない外壁、柱及び床を不燃材料で造ることができる。 |
| ・平家建の建築物に設けるタンク専用室は、屋根を不燃材料で造り、かつ、天井を設けないこと（平家建以外の建築物に設けるタンク専用室で上階がない場合も同様）。 |
| ・平家建の建築物に設けるタンク専用室の窓及び出入口には、防火設備を設けるとともに、延焼のおそれのある外壁に設ける出入口には、随時開けることができる自動閉鎖の特定防火設備を設ける。 |

| ・平家建の建築物に設けるタンク専用室の窓または出入口にガラスを用いる場合は、網入ガラスとする。 |
| --- |
| ・液状の危険物の屋内貯蔵タンクを設置するタンク専用室の床は、危険物が浸透しない構造とするとともに、適当な傾斜を付け、かつ、貯留設備を設けること。 |
| ・平家建の建築物に設けるタンク専用室の出入口のしきいの高さは、床面から0.2m以上とする。 |

## 屋内タンク貯蔵所の設備に関する基準

| ・屋内貯蔵タンクのうち、圧力タンクには安全装置を、圧力タンク以外のタンクには無弁通気管を設けること。 |
| --- |
| ・液体の危険物の屋内貯蔵タンクには、危険物の量を自動的に表示する装置を設けること。 |
| ・タンク専用室には、危険物を貯蔵し、または取り扱うために必要な採光、照明及び換気の設備を設けるとともに、引火点が70℃未満の危険物のタンク専用室にあっては、内部に滞留した可燃性の蒸気を屋根上に排出する設備を設けること。 |

## 地下タンク貯蔵所の位置に関する基準

⇒保安距離・保有空地の規制はない。

## 地下貯蔵タンクの設置方法

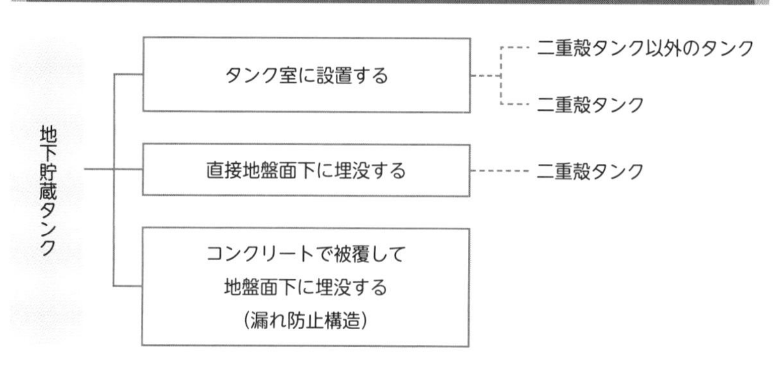

## 地下タンク貯蔵所の構造に関する基準

- 地下貯蔵タンクとタンク室の内側との間は、0.1m 以上の間隔を保ち、かつ、タンクの周囲に乾燥砂をつめる。
- 地下貯蔵タンクの頂部は、0.6m 以上地盤面から下にあること。
- 地下貯蔵タンクを 2 以上隣接して設置する場合は、その相互間に 1m（地下貯蔵タンクの容量の総和が指定数量の 100 倍以下であるときは 0.5m）以上の間隔を保つこと。
- 二重殻タンク以外の地下貯蔵タンクは、厚さ 3.2mm 以上の鋼板またはこれと同等以上の機械的性質を有する材料で気密に造ること。
- 二重殻タンクは、厚さ 3.2mm 以上の鋼板または危険物の種類に応じて総務省令で定める強化プラスチックで気密に造ること。
- 圧力タンクを除くタンクは 70kPa の圧力で、圧力タンクは最大常用圧力の 1.5 倍の圧力で、それぞれ 10 分間行う水圧試験において、漏れ、または変形しないものであること。

## 地下タンク貯蔵所の設備に関する基準

- 圧力タンクには安全装置を、圧力タンク以外のタンクには無弁通気管または大気弁付通気管を設けること。
- 通気管は、地下貯蔵タンクの頂部に取り付けること。
- 液体の危険物の地下貯蔵タンクには、危険物の量を自動的に表示する装置を設けること。
- 液体の危険物の地下貯蔵タンクの注入口は、屋外に設けること。
- 地下貯蔵タンクの配管は、当該タンクの頂部に取り付けること。
- 地下貯蔵タンクまたはその周囲には、タンクからの液体の危険物の漏れを検知する設備を設けること。

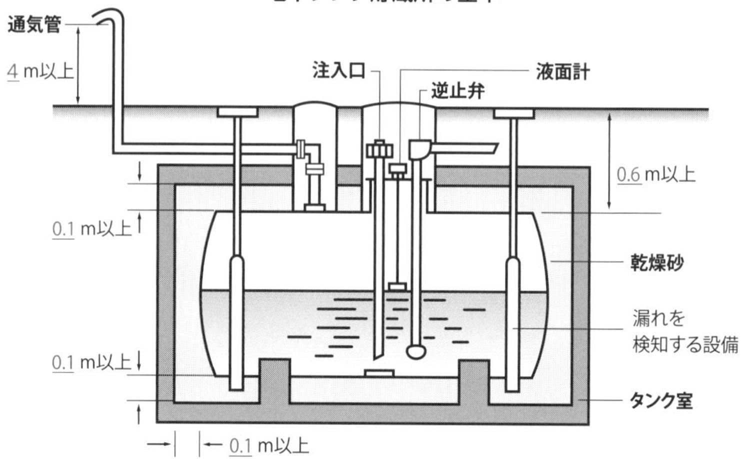


## 簡易タンク貯蔵所の位置に関する基準

⇒保安距離の規制はない。

⇒**保有空地**：簡易貯蔵タンクを屋外に設置する場合は、タンクの周囲に1m以上の空地を確保する。

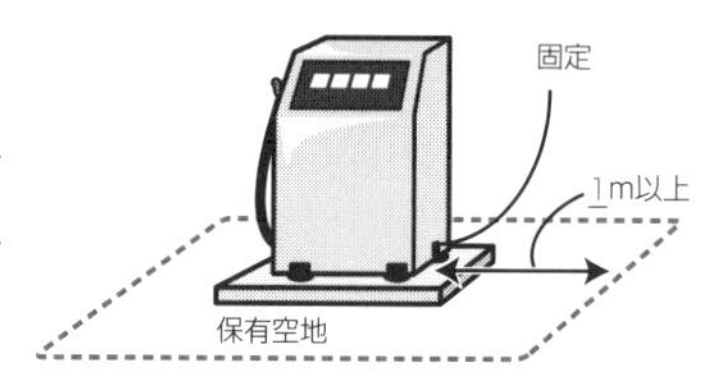


簡易貯蔵タンクは、原則として屋外に設置する（政令で定める基準に適合する専用室内に設置する場合は屋内に設置できる）。

## 簡易タンク貯蔵所の構造・設備に関する基準

| |
|---|
| ・簡易貯蔵タンクの容量は、600L以下とする。 |
| ・簡易タンク貯蔵所に設置する簡易貯蔵タンクは3基以内とし、かつ、同一品質の危険物の簡易貯蔵タンクを2基以上設置しないこと。 |
| ・簡易貯蔵タンクは容易に移動しないように地盤面、架台等に固定する。 |

| |
|---|
| ・簡易貯蔵タンクを専用室内に設置する場合は、タンクと専用室の壁との間に0.5m以上の間隔を保つ。 |
| ・簡易貯蔵タンクは、厚さ3.2mm以上の鋼板で気密に造るとともに、70kPaの圧力で10分間行う水圧試験において、漏れ、または変形しないものであること。 |
| ・簡易貯蔵タンクには、通気管を設ける。 |
| ・簡易貯蔵タンクに給油または注油のための設備を設ける場合は、給油取扱所の固定給油設備または固定注油設備の例による。 |

## 屋外貯蔵所の位置に関する基準

⇒保安距離については p.70 参照。

⇒保有空地の幅は、貯蔵し、または取り扱う危険物の数量（指定数量の倍数）によって異なる。

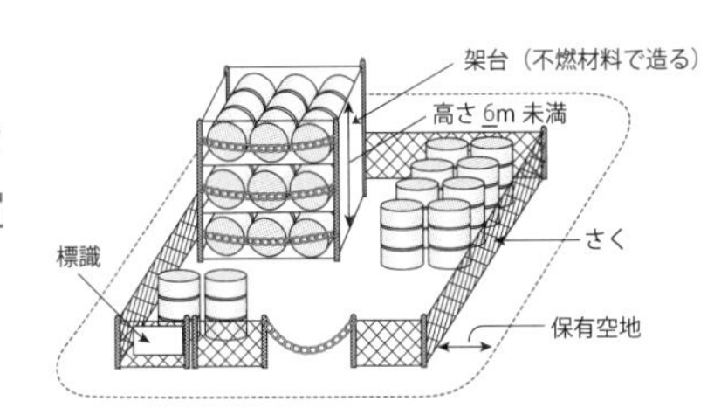


## 屋外貯蔵所の構造・設備に関する基準

| |
|---|
| ・屋外貯蔵所は、湿潤でなく、かつ、排水のよい場所に設置する。 |
| ・危険物を貯蔵し、または取り扱う場所の周囲には、さく等を設けて明確に区画する（保有空地は、さく等の周囲に確保する）。 |
| ・屋外貯蔵所に架台を設ける場合には、不燃材料で造るとともに、堅固な地盤面に固定する。 |
| ・架台の高さは、6m未満とする。 |
| ・架台には、危険物を収納した容器が容易に落下しない措置を講ずる。 |

⇒屋外貯蔵所において貯蔵し、または取り扱うことができる危険物については p.21 参照。

## 移動タンク貯蔵所の位置に関する基準

⇒保安距離・保有空地の規制はない。

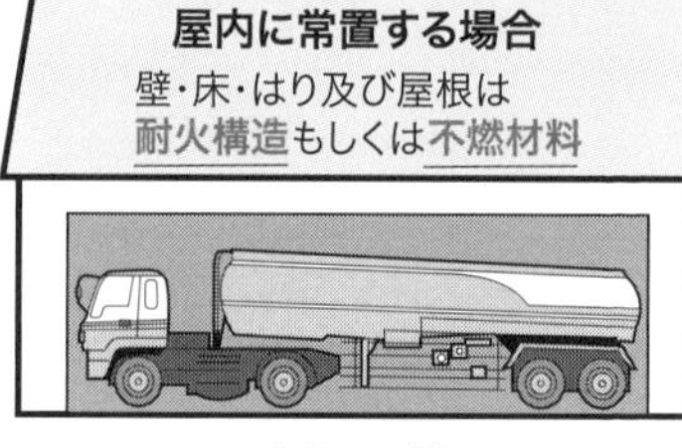


常置する場所は、屋外の防火上安全な場所または壁、床、はり及び屋根を耐火構造とし、もしくは不燃材料で造った建築物の1階とする。

## 移動タンク貯蔵所の構造に関する基準

| |
|---|
| ・移動貯蔵タンクは、厚さ3.2mm以上の鋼板またはこれと同等以上の機械的性質を有する材料で気密に造る。 |
| ・圧力タンクを除くタンクは70kPa、圧力タンクは最大常用圧力の1.5倍の圧力で、それぞれ10分間行う水圧試験において、漏れ、または変形しないものであること。 |
| ・移動貯蔵タンクは、容量を30,000L以下とし、かつ、その内部に4,000L以下ごとに完全な間仕切を、厚さ3.2mm以上の鋼板またはこれと同等以上の機械的性質を有する材料で設ける。 |
| ・間仕切により仕切られた部分には、それぞれマンホール及び安全装置を設けるとともに、厚さ1.6mm以上の鋼板またはこれと同等以上の機械的性質を有する材料で造られた防波板を設ける。 |
| ・マンホール、注入口、安全装置等の附属装置が上部に突出している移動貯蔵タンクには、それらの附属装置の損傷を防止するための側面枠、防護枠を設ける。 |

## 移動タンク貯蔵所の設備に関する基準

|  |
|---|
| ・移動貯蔵タンクの下部に排出口を設ける場合は、排出口に底弁を設けるとともに、非常の場合に直ちに当該底弁を閉鎖することができる手動閉鎖装置及び自動閉鎖装置を設ける。ただし、引火点が 70℃以上の第４類危険物の移動貯蔵タンクの排出口または直径が 40mm 以下の排出口に設ける底弁には、自動閉鎖装置を設けないことができる。 |
| ・手動閉鎖装置にはレバーを設け、その直近にその旨を表示する。 |
| ・手動閉鎖装置のレバーは、手前に引き倒すことにより作動させるもので、長さは 15cm 以上とする。 |
| ・移動貯蔵タンクの配管は、先端部に弁等を設ける。 |
| ・ガソリン、ベンゼンその他静電気による災害が発生するおそれのある液体の危険物の移動貯蔵タンクには、接地導線を設ける。 |
| ・液体の危険物の移動貯蔵タンクには、危険物を貯蔵し、または取り扱うタンクの注入口と結合できる結合金具を備えた注入ホースを設ける。 |

移動タンク貯蔵所の基準

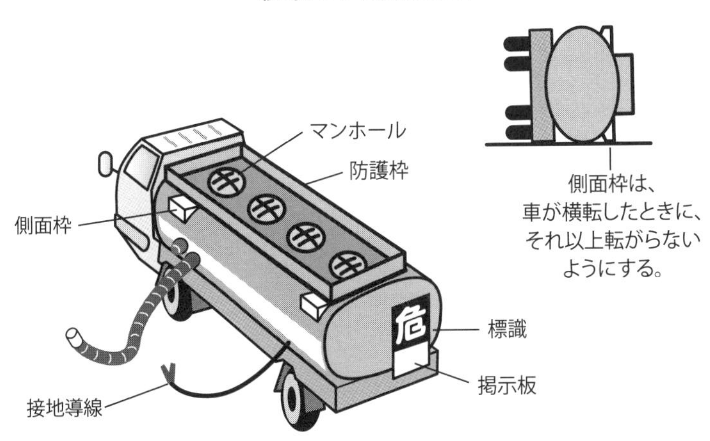

## 問題

**1** 屋内貯蔵所の貯蔵倉庫は、独立した専用の建築物としなければならない。

**2** 第1類危険物を貯蔵する屋内貯蔵所の貯蔵倉庫は、軒高10m未満の平家建にしなければならない。

**3** 屋内貯蔵所の貯蔵倉庫の床面積は、1,000$m^2$を超えてはならない。

**4** 屋内貯蔵所の貯蔵倉庫は、原則として、壁、柱及び床を不燃材料で造らなければならない。

**5** 屋内貯蔵所の貯蔵倉庫には、天井を設けてもよい。

**6** 屋内貯蔵所の貯蔵倉庫の窓及び出入口には、防火設備を設けなければならない。

**7** 屋内貯蔵所の貯蔵倉庫に架台を設ける場合は、架台を基礎に固定してはならない。

**8** 屋内貯蔵所において引火点70℃未満の危険物を貯蔵する貯蔵倉庫には、内部に滞留した可燃性の蒸気を屋外の低所に排出する設備を設けなければならない。

## 解答・解説



**1** ○
屋内貯蔵所において危険物を貯蔵する貯蔵倉庫は、独立した**専用**の建築物にしなければならない。

**2** ×
屋内貯蔵所において危険物を貯蔵する貯蔵倉庫は、軒高が **6**m 未満の平家建としなければならない（第 2 類または第 4 類の危険物のみの貯蔵倉庫で必要な措置を講じているものは 20m 未満）。

**3** ○
屋内貯蔵所の一の貯蔵倉庫の床面積は、**1,000**$m^2$ を超えないこととされている。

**4** ×
屋内貯蔵所の貯蔵倉庫は、原則として、壁、柱及び床を**耐火構造**としなければならない。

**5** ×
屋内貯蔵所の貯蔵倉庫は、屋根を不燃材料で造るとともに、金属板その他の軽量な不燃材料でふき、かつ、**天井**を設けないこととされている（第 2 類の危険物のみ、第 5 類の危険物のみの貯蔵倉庫については例外あり）。

**6** ○
屋内貯蔵所の貯蔵倉庫の窓及び出入口には、**防火設備**を設けるとともに、延焼のおそれのある外壁に設ける出入口には、随時開けることができる自動閉鎖の**特定防火設備**を設ける。

**7** ×
屋内貯蔵所の貯蔵倉庫に架台を設ける場合は、不燃材料で造るとともに、堅固な基礎に**固定**しなければならない。

**8** ×
引火点 70℃未満の危険物の貯蔵倉庫には、内部に滞留した可燃性の蒸気を**屋根上**に排出する設備を設けることとされている。

## 問題

**9**

屋外タンク貯蔵所において一定の距離を確保することが義務づけられている敷地内距離とは、屋外貯蔵タンクの側板から付近の住宅、学校、病院等の保安対象物までの距離をいう。

**10**

屋外貯蔵タンク（特定屋外貯蔵タンク等を除く）のうち圧力タンクは、最大常用圧力の 1.5 倍の圧力で 10 分間行う水圧試験に合格したものでなければならない。

**11**

屋外貯蔵タンクのうち、圧力タンク以外のタンクには通気管を設けなければならない。

**12**

液体の危険物を貯蔵する屋外貯蔵タンクには、発生する蒸気の濃度を自動的に計測する装置を設けなければならない。

**13**

指定数量の倍数が 10 以上の屋外タンク貯蔵所には、避雷設備を設けなければならない（周囲の状況によって安全上支障がない場合を除く）。

**14**

屋外貯蔵タンクの周囲には、第 4 類の危険物を貯蔵する場合のみ防油堤を設けなければならない。

**15**

20kL の軽油を貯蔵する屋外貯蔵タンクの周囲には、容量 20kL 以上の防油堤を設けなければならない。

**16**

屋外タンク貯蔵所において、3 基の屋外貯蔵タンクに、それぞれ 10kL の灯油、20kL の軽油、40kL の重油を貯蔵する場合、それらのタンクの周囲には、容量 77kL 以上の防油堤を設けなければならない。

## 解答・解説



**9** ×

敷地内距離とは、屋外貯蔵タンクの側板から**敷地境界線**までの距離をいう。

**10** ○

圧力タンクは、最大常用圧力の 1.5 倍の圧力で 10 分間行う**水圧試験**に、それ以外のタンクは**水張試験**に合格したものでなければならない。

**11** ○

圧力タンクには**安全装置**を、圧力タンク以外のタンクには**通気管**（無弁通気管または大気弁付通気管）を設けなければならない。

**12** ×

液体の危険物の屋外貯蔵タンクには、**危険物の量**を自動的に表示する装置を設けなければならない。発生する蒸気の濃度を自動的に計測する装置の設置を義務づける規定はない。

**13** ○

指定数量の倍数が 10 以上の危険物を貯蔵する屋外タンク貯蔵所には、**避雷設備**を設けなければならない（周囲の状況によって安全上支障がない場合を除く）。

**14** ×

**液体**の危険物（二硫化炭素を除く）を貯蔵する屋外貯蔵タンクの周囲には、防油堤を設けなければならない。液体の危険物は第 4 類だけではない。

**15** ×

防油堤の容量は、屋外貯蔵タンクの容量の 110% 以上とすることとされている。したがって、20kL の軽油を貯蔵する屋外貯蔵タンクの周囲には、容量 22kL 以上の防油堤を設けなければならない。

**16** ×

2 以上の屋外貯蔵タンクの周囲に設ける防油堤の容量は、**容量が最大**であるタンクの容量の 110% 以上とする。したがって、問題文の 3 基の屋外貯蔵タンクの周囲には、容量 44kL 以上の防油堤を設けなければならない。

## 問題

**17** 屋内貯蔵タンクは、原則として、平家建の建築物に設けられたタンク専用室に設置しなければならない。

**18** 平家建の建築物に設けるタンク専用室には、不燃材料で造った天井を設けることができる。

**19** 屋内貯蔵タンクの容量は、指定数量の 40 倍以下にしなければならない。

**20** 灯油を貯蔵する屋内貯蔵タンクの容量は、40,000L 以下にしなければならない。

**21** 同一のタンク専用室に屋内貯蔵タンクを 2 基設置する場合は、それぞれのタンクの容量を指定数量の 40 倍以下にしなければならない。

**22** 平家建の建築物に設けるタンク専用室の窓には、防火設備を設けなければならない。

**23** 平家建の建築物に設けるタンク専用室の出入口のしきいは、床面との段差が生じないように設けなければならない。

**24** 引火点 70℃未満の危険物のタンク専用室には、内部に滞留した可燃性の蒸気を屋外の低所に排出する設備を設けなければならない。

## 解答・解説

**17** ○

屋内貯蔵タンクは、原則として、**平家建**の建築物に設けられた**タンク専用室**に設置することとされている（引火点 40℃以上の第４類の危険物のみを貯蔵し、または取り扱うものは平家建でなくともよい）。

**18** ×

平家建の建築物に設ける屋内タンク貯蔵所のタンク専用室は、屋根を不燃材料で造り、かつ、**天井**を設けてはならない。引火点 40℃以上の第４類の危険物のみを貯蔵し、または取り扱うもので上階がない場合も同様。

**19** ○

屋内貯蔵タンクの容量は、指定数量の **40** 倍（第四石油類及び動植物油類以外の第４類の危険物にあっては、当該数量が 20,000L を超えるときは 20,000L）以下にしなければならない。

**20** ×

灯油の指定数量は 1,000L、その 40 倍は 40,000L であるが、灯油は「第四石油類及び動植物油類以外の第４類の危険物」なので、屋内貯蔵タンクの容量を **20,000L** 以下にしなければならない。

**21** ×

同一のタンク専用室に屋内貯蔵タンクを２以上設置する場合は、それらのタンクの容量の**総計**を指定数量の 40 倍以下にしなければならない。

**22** ○

平家建の建築物に設けるタンク専用室の窓及び出入口には、**防火設備**を設けるとともに、延焼のおそれのある外壁に設ける出入口には、随時開けることができる自動閉鎖の特定防火設備を設けることとされている。

**23** ×

平家建の建築物に設けるタンク専用室の出入口のしきいの高さは、床面から **0.2m** 以上としなければならない。

**24** ×

引火点 70℃未満の危険物のタンク専用室には、内部に滞留した可燃性の蒸気を**屋根上**に排出する設備を設けなければならない。

## 問題

**25** 地下貯蔵タンクをタンク室に設置する場合、地下貯蔵タンクとタンク室の内側との間に 0.5m 以上の間隔を保たなければならない。

**26** 地下貯蔵タンクは、頂部が 0.3m 以上地盤面から下にあるように設置しなければならない。

**27** 地下貯蔵タンクを 2 基以上隣接して設置する場合は、その相互間に 0.3m 以上の間隔を保たなければならない。

**28** 二重殻タンク以外の地下貯蔵タンクは、厚さ 3.2mm 以上の鋼板またはこれと同等以上の機械的性質を有する材料で気密に造らなければならない。

**29** 地下貯蔵タンクには、通気管または安全装置を設けなければならない。

**30** 液体の危険物の地下貯蔵タンクには、危険物の量を自動的に表示する装置を設けなければならない。

**31** 液体の危険物の地下貯蔵タンクの注入口は、屋内に設けなければならない。

**32** 地下貯蔵タンクの配管は、当該タンクの底部に取り付けることとされている。

## 解答・解説

**25**
×
地下貯蔵タンクとタンク室の内側との間は、0.1m 以上の間隔を保ち、かつ、タンクの周囲に乾燥砂をつめることとされている。

**26**
×
地下貯蔵タンクは、頂部が 0.6m 以上地盤面から下にあるように設置しなければならない。

**27**
×
地下貯蔵タンクを2基以上隣接して設置する場合は、その相互間に 1m（地下貯蔵タンクの容量の総和が指定数量の 100 倍以下であるときは 0.5m）以上の間隔を保たなければならない。

**28**
○
二重殻タンク以外の地下貯蔵タンクについては問題文のとおり。二重殻タンクは、厚さ 3.2mm 以上の**鋼板**または危険物の種類に応じて総務省令で定める**強化プラスチック**で気密に造らなければならない。

**29**
○
圧力タンクには**安全装置**を、圧力タンク以外のタンクには**無弁通気管**または**大気弁付通気管**を設けることとされている。

**30**
○
液体の危険物の地下貯蔵タンクには、**危険物の量**を自動的に表示する装置を設けなければならない。

**31**
×
液体の危険物の地下貯蔵タンクの注入口は、**屋外**に設けなければならない。

**32**
×
地下貯蔵タンクの配管は、当該タンクの**頂部**に取り付けることとされている。

## 問題

**33** 簡易貯蔵タンクの容量は、600L 以下にしなければならない。

**34** ひとつの簡易タンク貯蔵所には、同一品質の危険物の簡易貯蔵タンクを 3 基以上設置してはならない。

**35** 簡易貯蔵タンクを専用室内に設置する場合は、タンクと専用室の壁との間に 1m 以上の間隔を保たなければならない。

**36** 簡易貯蔵タンクは、厚さ 3.2mm 以上の鋼板で気密に造らなければならない。

**37** 簡易貯蔵タンクには、通気管を設けなくともよい。

**38** 屋外貯蔵所において危険物を貯蔵し、または取り扱う場所の周囲には、さく等を設けて明確に区画しなければならない。

**39** 屋外貯蔵所には、貯蔵し、または取り扱う危険物の数量にかかわらず、さく等の周囲に幅 2m の保有空地を確保しなければならない。

**40** 屋外貯蔵所に架台を設ける場合には、不燃材料で造るとともに、堅固な地盤面に固定し、架台の高さを 10m 未満としなければならない。

## 解答・解説



**33** ○
簡易貯蔵タンクの容量は、600L 以下とし、ひとつの簡易タンク貯蔵所に設置する簡易貯蔵タンクは 3 基以内にしなければならない。

**34** ×
ひとつの簡易タンク貯蔵所には、同一品質の危険物の簡易貯蔵タンクを 2 基以上設置してはならない。

**35** ×
簡易貯蔵タンクを専用室内に設置する場合は、タンクと専用室の壁との間に 0.5m 以上の間隔を保たなければならない。

**36** ○
簡易貯蔵タンクは、厚さ 3.2mm 以上の**鋼板**で気密に造るとともに、70kPa の圧力で 10 分間行う**水圧試験**において、漏れ、または変形しないものにしなければならない。

**37** ×
簡易貯蔵タンクには、**通気管**を設けなければならない。第 4 類の危険物の簡易貯蔵タンクのうち圧力タンク以外のタンクに設ける通気管は、**無弁通気管**とする。

**38** ○
屋外貯蔵所において危険物を貯蔵し、または取り扱う場所の周囲には、さく等を設けて明確に区画し、さく等の周囲に保有空地を確保しなければならない。

**39** ×
屋外貯蔵所においてさく等の周囲に確保しなければならない保有空地の幅は、貯蔵し、または取り扱う危険物の**数量**（指定数量の倍数）によって異なる。

**40** ×
屋外貯蔵所に架台を設ける場合には、不燃材料で造るとともに、堅固な地盤面に固定し、架台の高さは 6m 未満としなければならない。

## 問題

**41** 移動タンク貯蔵所は、屋外の防火上安全な場所または壁、床、はり及び屋根を耐火構造とし、もしくは不燃材料で造った建築物の1階または地階に常置しなければならない。

**42** 移動タンク貯蔵所を常置する場所は、付近の学校、病院等の保安対象物から一定の保安距離を有しなければならない。

**43** 移動貯蔵タンクは、圧力タンク以外のタンクであっても、定められた水圧試験において、漏れ、または変形しないものにしなければならない。

**44** 移動貯蔵タンクは、容量を 40,000L 以下にしなければならない。

**45** 移動貯蔵タンクの内部には、容量 5,000L 以下ごとに完全な間仕切を設け、間仕切により仕切られた部分には防波板を設けなければならない。

**46** マンホール、注入口、安全装置等の附属装置が上部に突出している移動貯蔵タンクには、側面枠、防護枠を設けなければならない。

**47** 移動貯蔵タンクの排出口に設ける手動閉鎖装置のレバーは、手前に引き倒すことにより作動させるものとし、長さは 15cm 以上とする。

**48** ガソリン、ベンゼンその他静電気による災害が発生するおそれのある液体の危険物の移動貯蔵タンクには、避雷設備を設けなければならない。

## 解答・解説

**41** ×

移動タンク貯蔵所は、**屋外**の防火上安全な場所または壁、床、はり及び屋根を耐火構造とし、もしくは不燃材料で造った建築物の１階に常置しなければならない。地階に常置することはできない。

**42**

移動タンク貯蔵所については、**保安距離**の規制は設けられていない。

**43** ○

圧力タンクを除くタンクは 70kPa、圧力タンクは最大常用圧力の 1.5 倍の圧力で、それぞれ 10 分間行う**水圧試験**において、漏れ、または変形しないものでなければならない。

**44**

移動貯蔵タンクは、容量を **30,000L** 以下としなければならない。

**45** ×

移動貯蔵タンクの内部には、容量 **4,000L** 以下ごとに完全な間仕切を設け、間仕切により仕切られた部分には、それぞれマンホール及び安全装置を設けるとともに、防波板を設けなければならない。

**46** ○

マンホール、注入口、安全装置等の附属装置が**上部**に突出している移動貯蔵タンクには、それらの附属装置の損傷を防止するための**側面枠**、**防護枠**を設けること。

**47** ○

移動貯蔵タンクの排出口の底弁を閉鎖するための手動閉鎖装置には、**レバー**を設ける。レバーは、手前に引き倒すことにより作動させるものとし、長さは 15cm 以上とする。

**48** ×

ガソリン、ベンゼンその他静電気による災害が発生するおそれのある液体の危険物の移動貯蔵タンクには、**接地導線**を設けなければならない。

# Lesson 10 製造所等の位置・構造・設備の基準④ <取扱所／配管／標識・掲示板>

## 給油取扱所の位置に関する基準

⇒保安距離・保有空地の規制はない。

## 給油取扱所の構造・設備に関する基準（給油空地・注油空地等）

| |
|---|
| ・固定給油設備のホース機器の周囲（懸垂式の固定給油設備の場合はホース機器の下方）には、自動車等に直接給油し、また、給油を受ける自動車等が出入りするための、間口10m以上、奥行6m以上の給油空地を保有すること。 |
| ・給油空地は、自動車等が安全かつ円滑に出入りすることができる幅で道路に面していること。 |
| ・固定注油設備のホース機器の周囲（懸垂式の固定注油設備の場合はホース機器の下方）に、灯油もしくは軽油を容器に詰め替え、または車両に固定されたタンクに注入するための注油空地を、給油空地以外の場所に保有すること。 |
| ・固定給油設備は敷地境界線から2m以上、固定注油設備は1m以上の間隔を保って設置しなければならない。 |

**固定給油設備**

給油取扱所で、自動車等に（主にガソリンまたは軽油を）直接給油するための固定された給油設備で、ポンプ機器及びホース機器からなる。地上部分に設置される固定式給油設備と、天井から吊り下げられる懸垂式給油設備がある。

**固定注油設備**

給油取扱所で、灯油もしくは軽油を容器に詰め替え、または車両に固定された容量4,000L以下のタンクに注入するための固定された注油設備で、ポンプ機器及びホース機器からなる。地上部分に設置される固定式注油設備と、天井から吊り下げられる懸垂式注油設備がある。

**固定給油設備・固定注油設備と道路境界線との間隔**

| 固定給油設備・固定注油設備の区分 | | | 間隔 |
|---|---|---|---|
| 懸垂式のもの | | | 4m 以上 |
| 懸垂式でないもの | 固定給油設備に接続される給油ホース（固定注油設備に接続される注油ホース）のうち、その全長が最大であるものの全長 | 3m 以下 | 4m 以上 |
| | | 3m を超え 4m 以下 | 5m 以上 |
| | | 4m を超え 5m 以下 | 6m 以上 |

**給油取扱所の基準**

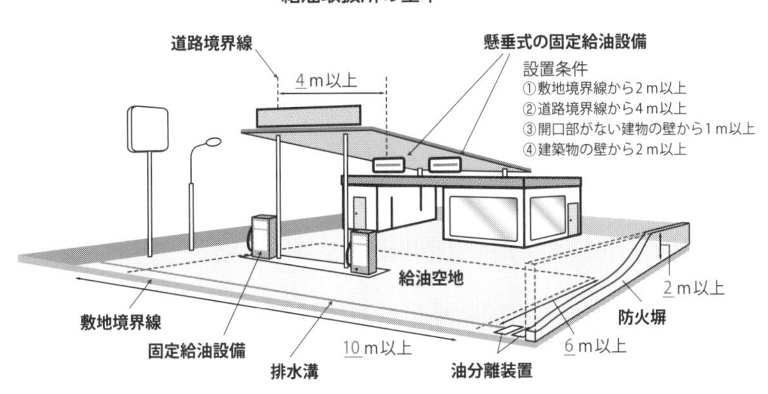


## 給油取扱所に設置できる建築物の用途

給油取扱所には、給油またはこれに附帯する業務のための下記の用途に供する建築物以外の建築物その他の工作物を設けてはならない。

①給油または灯油もしくは軽油の詰替えのための作業場

②給油取扱所の業務を行うための事務所

③給油等のために給油取扱所に出入りする者を対象とした店舗、飲食店

または展示場

④自動車等の点検・整備を行う作業場

⑤自動車等の洗浄を行う作業場

⑥給油取扱所の所有者、管理者もしくは占有者が居住する住居またはこれらの者に係る他の給油取扱所の業務を行うための事務所

## 屋内給油取扱所の基準

**屋内給油取扱所**とは、給油取扱所のうち、

①建築物内に設置するもの

②敷地面積から床または壁で区画された部分（事務所、店舗、整備室等）を除いた面積のうち3分の1を超える部分が、上屋（うわや）等（キャノピー、ひさし）に覆われているもの（ただし、その割合が3分の2までのものであって、かつ、火災の予防上安全であると認められるものを除く）

| |
|---|
| ・屋内給油取扱所は、壁、柱、床及びはりを耐火構造とした建築物に設置する。 |
| ・建築物の屋内給油取扱所の用に供する部分は、壁、柱、床、はり及び屋根を耐火構造とするとともに、開口部のない耐火構造の床または壁で当該建築物の他の部分と区画されたものであること。ただし、建築物の屋内給油取扱所の用に供する部分の上部に上階がない場合には、屋根を不燃材料で造ることができる。 |
| ・建築物の屋内給油取扱所の用に供する部分の窓及び出入口（自動車等の出入口を除く）には、防火設備を設ける。 |
| ・屋内給油取扱所において危険物を取り扱う専用タンクには、危険物の過剰な注入を自動的に防止する設備を設ける。 |
| ・屋内給油取扱所は、以下の用途に供する部分を有しない建築物に設置する。<br>①病院、診療所または助産所<br>②幼稚園、特別支援学校<br>③特別養護老人ホーム等の福祉施設 |

## 顧客に自ら給油等をさせる給油取扱所の基準（顧客用固定給油設備）

| |
|---|
| ・顧客用固定給油設備の給油ノズルは、自動車等の燃料タンクが満量となったときに給油を自動的に停止する構造のものとする。 |
| ・給油ホースは、著しい引張力が加わったときに安全に分離するとともに、分離した部分からの危険物の漏えいを防止できる構造のものとする。 |
| ・ガソリン及び軽油相互の誤給油を有効に防止できる構造のものとする。 |
| ・１回の連続した給油量及び給油時間の上限をあらかじめ設定できる構造のものとする。 |

## 販売取扱所の位置に関する基準

⇒保安距離・保有空地の規制はない。

・販売取扱所は、建築物の１階に設置しなければならない。

## 販売取扱所の構造・設備に関する基準

販売取扱所において危険物を配合する室は、以下のようにしなければならない。

| |
|---|
| ・床面積は、6m² 以上 10m² 以下であること。 |
| ・壁で区画すること。 |
| ・床は、危険物が浸透しない構造とするとともに、適当な傾斜を付け、かつ、貯留設備を設ける。 |
| ・出入口には、随時開けることができる自動閉鎖の特定防火設備を設ける。 |
| ・出入口のしきいの高さは、床面から 0.1m 以上とする。 |
| ・内部に滞留した可燃性の蒸気または可燃性の微粉を屋根上に排出する設備を設ける。 |

建築物の第一種販売取扱所（指定数量の倍数が15以下）の用に供する部分については、以下のように定められている。

| |
|---|
| ・壁を準耐火構造とすること。ただし、第一種販売取扱所の用に供する部分とその他の部分との隔壁は、耐火構造にしなければならない。 |
| ・はりを不燃材料で造り、天井を設ける場合は不燃材料で造ること。 |
| ・上階がある場合は上階の床を耐火構造とすること。 |
| ・上階のない場合は屋根を耐火構造とし、または不燃材料で造ること。 |
| ・窓及び出入口に防火設備を設けること。 |
| ・窓または出入口にガラスを用いる場合は、網入ガラスとすること。 |

建築物の第二種販売取扱所（指定数量の倍数が15を超え40以下）の用に供する部分については、以下のように定められている。

| |
|---|
| ・壁、柱、床及びはりを耐火構造とするとともに、天井を設ける場合は不燃材料で造ること。 |
| ・上階がある場合は上階の床を耐火構造とするとともに、上階への延焼を防止するための措置を講ずること。 |
| ・上階のない場合は屋根を耐火構造とすること。 |
| ・窓は、延焼のおそれのない部分に限り設けることができる。 |
| ・窓には防火設備を設けること。 |
| ・出入口には防火設備を設けること。ただし、延焼のおそれのある壁またはその部分に設けられる出入口には、随時開けることができる自動閉鎖の特定防火設備を設けなければならない。 |

## 移送取扱所の位置・構造・設備に関する基準

移送取扱所については、保安上、設置してはならない場所が以下のように定められている（一部抜粋）。

①災害対策基本法に規定する都道府県地域防災計画または市町村地域防災計画に定められている震災時のための避難空地
②鉄道及び道路の隧道内（隧道とはトンネルのこと）
③高速自動車国道及び自動車専用道路の車道、路肩及び中央帯並びに狭あいな道路（これらを横断して設置する場合を除く）
④河川区域及び水路敷（これらを横断して設置する場合を除く）
⑤利水上の水源である湖沼、貯水池等

移送取扱所については、このほか、移送配管の構造や設置方法などについて基準が定められている。

## 一般取扱所の位置・構造・設備に関する基準

一般取扱所には、製造所の位置・構造・設備に関する基準が準用される（危険物の取扱形態、数量等により基準の特例が設けられている）。

## 配管の位置・構造・設備に関する基準

製造所等に設置される配管の位置・構造・設備については、以下のように定められている。

| |
|---|
| ・設置条件や使用状況に照らして十分な強度を有すること。 |
| ・配管に係る最大常用圧力の 1.5 倍以上の圧力で水圧試験を行ったとき、漏えいその他の異常がないものであること。 |
| ・取り扱う危険物により容易に劣化するおそれのないものであること。 |
| ・火災等による熱によって容易に変形するおそれのないものであること（配管が地下その他の火災等による熱により悪影響を受けるおそれのない場所に設置される場合はこの限りでない）。 |

- ・外面の腐食を防止するための措置を講ずること（配管が設置される条件の下で腐食するおそれのないものである場合はこの限りでない）。
- ・配管を地下に設置する場合は、配管の接合部分（溶接その他危険物の漏えいのおそれがないと認められる方法により接合されたものを除く）に、危険物の漏えいを点検することができる措置を講ずること。
- ・配管に加熱または保温のための設備を設ける場合には、火災予防上安全な構造とすること。
- ・配管を地上に設置する場合は、地震、風圧、地盤沈下、温度変化による伸縮等に対し安全な構造の支持物により支持すること。
- ・配管を地下に設置する場合は、その上部の地盤面にかかる重量が配管にかからないように保護すること。

## 標識と掲示板

製造所等には、見やすい箇所に製造所である旨を表示した標識及び防火に関し必要な事項を掲示した掲示板を設けなければならない。

### 標識の種類と形状・色・記載事項

**製造所等である旨を表示した標識**

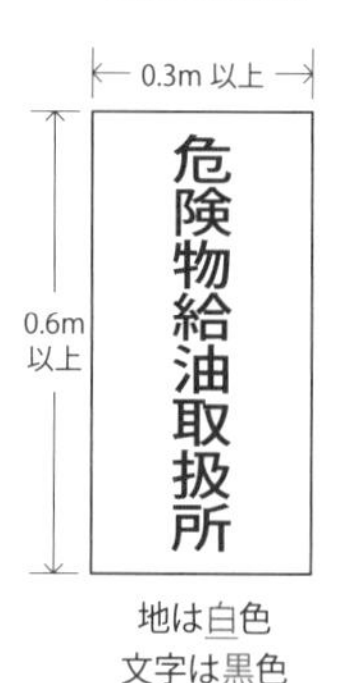


地は白色
文字は黒色

移動タンク貯蔵所以外の製造所等に設ける

**移動タンク貯蔵所に掲げる標識**

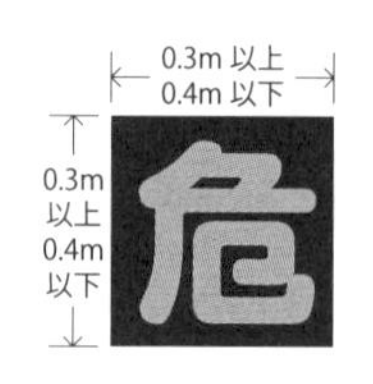


地は黒色
文字は黄色の反射塗料

**指定数量以上の危険物を運搬する車両に掲げる標識**

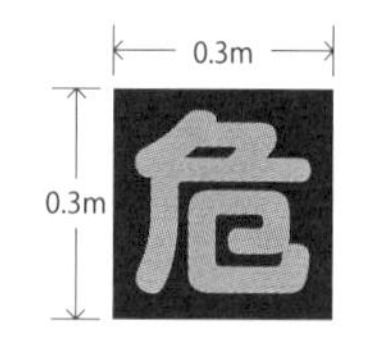


地は黒色
文字は黄色の反射塗料

車両の前後の見やすい箇所に掲げる

## 掲示板の種類と形状・色・記載事項

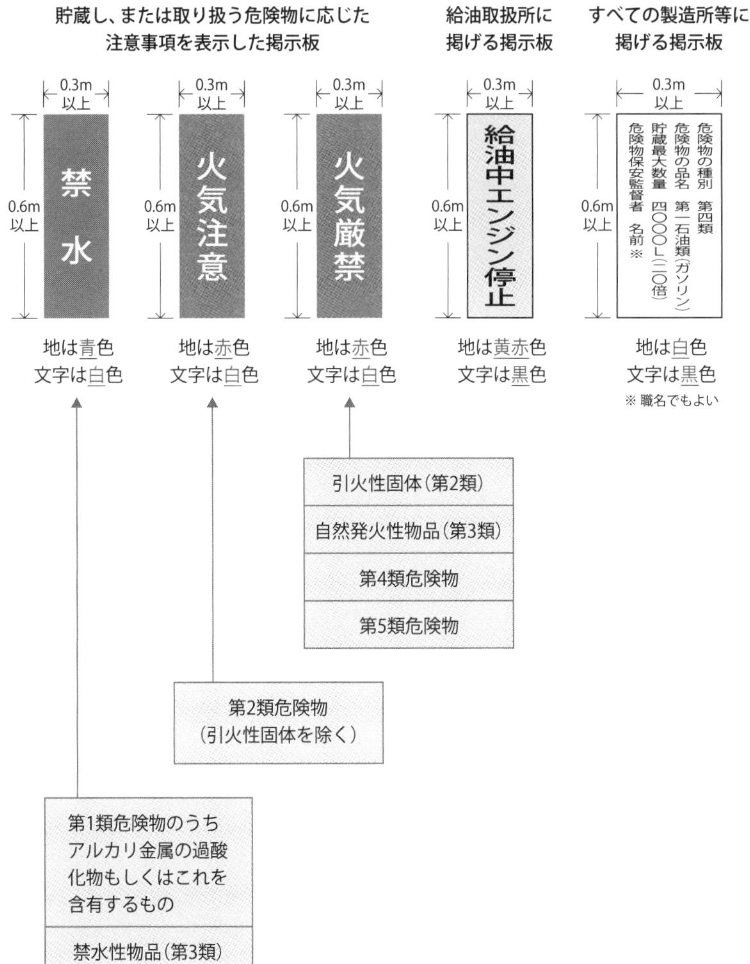

## 問題

**1** 給油空地とは、移動貯蔵タンクから給油取扱所の専用タンクに危険物を注入する際に、移動タンク貯蔵所を停車させるために設ける空地をいう。

**2** 給油空地は、面積を 4m² 以上にしなければならない。

**3** 給油空地は、道路に面していなければならない。

**4** 固定注油設備は、給油取扱所において、灯油もしくは軽油を容器に詰め替え、または車両に固定された容量 4,000L 以下のタンクに注入するための設備である。

**5** 固定注油設備のホース機器の周囲（懸垂式の場合は下方）には注油空地を設けなければならないが、その部分に給油空地が設けられている場合は、給油空地を注油空地として兼用できる。

**6** 懸垂式の固定給油設備は、道路境界線から 4m 以上の間隔を保って設置しなければならない。

**7** 懸垂式でない固定給油設備で、その給油設備に接続される給油ホースのうち最長のものの全長が 5m であるものは、道路境界線から 5m 以上の間隔を保って設置しなければならない。

**8** 固定給油設備は、敷地境界線から 1m 以上の間隔を保って設置しなければならない。

## 解答・解説

**1** ×

給油空地とは、給油取扱所において、**固定給油設備**のホース機器の周囲（懸垂式の固定給油設備の場合はホース機器の下方）に、**自動車**等に直接給油し、また、給油を受ける**自動車**等が出入りするために設ける空地をいう。

**2** ×

給油空地は、間口**10**m以上、奥行**6**m以上とするよう定められている。面積については定められていないが、$4m^2$では明らかに不足している。

**3** ○

給油空地は、自動車等が安全かつ円滑に出入りすることができる幅で**道路**に面していなければならない。

**4** ○

固定注油設備とは、給油取扱所で、**灯油**もしくは**軽油**を容器に詰め替え、または車両に固定された容量**4,000**L以下のタンクに注入するための固定された注油設備で、ポンプ機器及びホース機器からなる。

**5** ×

注油空地は、**給油空地**以外の場所に保有しなければならない。

**6** ○

懸垂式の固定給油設備は、道路境界線から**4**m以上の間隔を保って設置しなければならない。懸垂式でない固定給油設備の道路境界線との間隔は、給油ホースの長さ（最大のもの）に応じて定められている。

**7** ×

懸垂式でない固定給油設備で、その給油設備に接続される給油ホースのうち最長のものの全長が4mを超え5m以下であるものは、道路境界線から**6**m以上の間隔を保って設置しなければならない。

**8** ×

固定給油設備は敷地境界線から**2**m以上、固定注油設備は**1**m以上の間隔を保って設置しなければならない。

## 問題

**9** 給油取扱所には、給油等のために給油取扱所に出入りする者を対象とした飲食店を設けることができる。

**10** 給油取扱所には、給油取扱所の所有者等以外の従業員が居住する住居を設けることができる。

**11** 建築物の屋内給油取扱所の用に供する部分とその他の部分は、開口部のない耐火構造の床または壁で区画しなければならない。

**12** 屋内給油取扱所は、付近の学校、病院等の保安対象物から一定の保安距離を有しなければならない。

**13** 映画館の用途に供する部分がある建築物には、屋内給油取扱所を設置できない。

**14** 顧客に自ら自動車等に給油させるための固定給油設備の給油ノズルは、自動車等の燃料タンクが満量となったときに自動的に警報を発するものにしなければならない。

**15** 顧客に自ら自動車等に給油させるための固定給油設備の給油ホースは、著しい引張力が加わったときに分離しないものにしなければならない。

**16** 顧客に自ら自動車等に給油させるための固定給油設備は、1回の連続した給油量及び給油時間の上限をあらかじめ設定できる構造のものにしなければならない。

## 解答・解説



**9**　○

給油取扱所には、給油等のために給油取扱所に出入りする者を対象とした店舗、**飲食店**、展示場を設けることができる。

**10**　×

給油取扱所には、給油取扱所の**所有者**、**管理者**もしくは**占有者**が居住する住居を設けることができるが、それ以外の従業員が居住する住居を設けることはできない。

**11**　○

建築物の屋内給油取扱所の用に供する部分は、開口部のない**耐火構造**の床または壁で当該建築物の他の部分と区画しなければならない。

**12**　×

給油取扱所については、**保安距離**の規制は設けられていない。

**13**　×

以下の用途に供する部分を有する建築物には、屋内給油取扱所を設置できない。①**病院**、診療所または助産所　②**幼稚園**、特別支援学校　③特別養護老人ホーム等の**福祉施設**

**14**　×

顧客用固定給油設備の給油ノズルは、自動車等の燃料タンクが満量となったときに給油を自動的に**停止**する構造のものにしなければならない。

**15**　×

顧客用固定給油設備の給油ホースは、著しい引張力が加わったときに安全に**分離**するとともに、分離した部分からの危険物の**漏えい**を防止することができる構造のものにしなければならない。

**16**　○

顧客用固定給油設備は、１回の連続した**給油量**及び**給油時間**の上限をあらかじめ設定できる構造のものにしなければならない。また、ガソリン及び軽油相互の誤給油を有効に防止できる構造のものにしなければならない。

## 問題

**17** 販売取扱所は、建築物の１階に設置しなければならない。

**18** 建築物の販売取扱所の用に供する部分には、窓を設けてはならない。

**19** 建築物の第一種販売取扱所の用に供する部分とその他の部分との隔壁は、不燃材料で造らなければならない。

**20** 販売取扱所において危険物を配合する室の出入口には、しきいを設けてはならない。

**21** 建築物の第一種販売取扱所の用に供する部分は、はりを不燃材料で造り、天井を設ける場合は不燃材料で造らなければならない。

**22** 販売取扱所において危険物を配合する室の床面積は、$6m^2$ 以下にしなければならない。

**23** 販売取扱所において危険物を配合する室の出入口には、随時開けることができる自動閉鎖の特定防火設備を設けなければならない。

**24** 建築物の第二種販売取扱所の用に供する部分に上階がない場合は、屋根を不燃材料で造らなければならない。

## 解答・解説



**17** ○

販売取扱所（危険物を容器入りのまま販売する店舗）は、建築物の１階に設置しなければならない。

**18** ×

第一種販売取扱所には窓を設けることができ、第二種販売取扱所は、**延焼のおそれのない部分に限り**、窓を設けることができる。なお、いずれの場合も、窓には**防火設備**を設けることとされている。

**19** ×

建築物の第一種販売取扱所の用に供する部分とその他の部分との隔壁は、**耐火構造**にしなければならない。

**20** ×

販売取扱所において危険物を配合する室は、出入口のしきいの高さを床面から **0.1**m 以上としなければならない。

**21** ○

第一種販売取扱所については問題文のとおり。建築物の第二種販売取扱所の用に供する部分は、壁、柱、床及びはりを**耐火構造**とするとともに、天井を設ける場合は不燃材料で造らなければならない。

**22** ×

販売取扱所において危険物を配合する室の床面積は、**6**$m^2$ 以上 **10**$m^2$ 以下にしなければならない。

**23** ○

販売取扱所の危険物を配合する室の出入口には、随時開けることができる自動閉鎖の**特定防火設備**を設けなければならない。第二種販売取扱所の延焼のおそれのある壁またはその部分に設けられる出入口も同様である。

**24** ×

建築物の第二種販売取扱所の用に供する部分に上階がない場合は、屋根を**耐火構造**にしなければならない。

## 問題

**25** 移送取扱所は、鉄道や道路のトンネル内に設置してはならない。

**26** 移送取扱所は、原則として高速道路に設置してはならない。また、高速道路を横断するように設置することもできない。

**27** 製造所において危険物を取り扱う配管は、配管に係る最大常用圧力で水圧試験を行ったときに、漏えいその他の異常がないものでなければならない。

**28** 製造所において危険物を取り扱う配管は、取り扱う危険物により容易に劣化するおそれのないものにしなければならない。

**29** 製造所において危険物を取り扱う配管には、加熱または保温のための設備を設けてはならない。

**30** 製造所において危険物を取り扱う配管を地上に設置する場合は、地震や風圧に対し安全な構造の支持物により支持しなければならない。

**31** 製造所において危険物を取り扱う配管を地下に設置する場合は、その上部の地盤面を車両等が通行しない位置に設置しなければならない。

**32** 製造所において危険物を取り扱う配管を地下に設置する場合は、配管の接合部分（溶接部等を除く）に、危険物の漏えいを点検することができる措置を講じなければならない。

**25** ○
移送取扱所は、鉄道及び道路の**隧道**（トンネル）内に設置してはならない。

**26** ×
移送取扱所は、原則として、**高速自動車国道及び自動車専用道路**の車道、路肩及び中央帯並びに狭あいな道路に設置してはならない。ただし、これらを横断して設置する場合は除く。

**27** ×
配管は、配管に係る最大常用圧力の **1.5** 倍以上の圧力で水圧試験を行ったとき、漏えいその他の異常がないものでなければならない。

**28** ○
配管は、取り扱う危険物により容易に**劣化**するおそれのないものにしなければならない。

**29** ×
配管に**加熱**または**保温**のための設備を設ける場合には、火災予防上安全な構造とすることとされている。加熱または保温のための設備を設けること自体は禁止されていない。

**30** ○
配管を地上に設置する場合は、**地震**、**風圧**、**地盤沈下**、**温度変化**による伸縮等に対し安全な構造の支持物により支持しなければならない。

**31** ×
問題文のような規定はない。配管を地下に設置する場合は、その上部の地盤面にかかる**重量**が配管にかからないように保護することとされている。

**32** ○
配管を地下に設置する場合は、配管の接合部分（溶接その他危険物の漏えいのおそれがないと認められる方法により接合されたものを除く）に、危険物の漏えいを点検することができる措置を講じなければならない。

## 問題

**33** 移動タンク貯蔵所には、地が黒色の板に白色の反射塗料その他反射性を有する材料で「危」と表示した標識を掲げなければならない。

**34** 指定数量以上の危険物を運搬する車両には、車両の前後どちらかの見やすい箇所に、「危」と表示した標識を掲げなければならない。

**35** 第４類の危険物を貯蔵する屋内タンク貯蔵所には、「火気注意」と表示した掲示板を設けなければならない。

**36** 給油取扱所には、「給油中エンジン停止」と表示した掲示板を設けなければならない。

**37** 屋外タンク貯蔵所には、危険物の類、品名及び貯蔵最大数量または取扱最大数量、指定数量の倍数並びに危険物保安監督者の氏名または職名を表示した掲示板を設けなければならない。

**38** 第１類危険物のうち、アルカリ金属の過酸化物もしくはこれを含有するものを貯蔵し、または取り扱う製造所等には、「火気厳禁」と表示した掲示板を設けなければならない。

**39** 第２類危険物のうち、引火性固体を除くものを貯蔵し、または取り扱う製造所等には、「火気注意」と表示した掲示板を設けなければならない。

**40** 第６類の危険物を貯蔵し、または取り扱う製造所等には、「禁水」と表示した掲示板を設けなければならない。

## 解答・解説



**33** ×

移動タンク貯蔵所には、地が黒色の板に**黄色**の反射塗料その他反射性を有する材料で「危」と表示した標識を掲げなければならない。

**34** ×

指定数量以上の危険物を運搬する車両には、車両の**前後**の見やすい箇所に、黒色の地に黄色の文字で「危」と表示した標識を掲げなければならない。前後どちらかではない。

**35** ×

第４類の危険物を貯蔵する屋内タンク貯蔵所には、「**火気厳禁**」と表示した掲示板を設けなければならない。

**36** ○

給油取扱所には、地を黄赤色、文字を黒色として「**給油中エンジン停止**」と表示した掲示板を設けなければならない。

**37** ○

製造所等に設ける掲示板には、危険物の類、品名及び貯蔵最大数量または取扱最大数量、指定数量の倍数のほか、**危険物保安監督者**を定めなければならない製造所等では、その**氏名**または**職名**を表示することとされている。

**38** ×

第１類危険物のうち、アルカリ金属の過酸化物もしくはこれを含有するものを貯蔵し、または取り扱う製造所等には、「**禁水**」と表示した掲示板を設けなければならない。

**39** ○

第２類危険物のうち、引火性固体を除くものを貯蔵し、または取り扱う製造所等には、「**火気注意**」と表示した掲示板を設けなければならない。引火性固体を貯蔵し、または取り扱う場合は「火気厳禁」と表示する。

**40** ×

第６類の危険物を貯蔵し、または取り扱う製造所等には、危険物の性状に応じた**注意事項**を表示した掲示板を設けることは義務づけられていない。

# Lesson 11 消火設備の基準／警報設備の基準

## 消火設備の区分と設置基準

| 第 1 種消火設備 | 屋内消火栓設備、屋外消火栓設備 |
|---|---|
| 第 2 種消火設備 | スプリンクラー設備 |
| 第 3 種消火設備 | 水蒸気消火設備、水噴霧消火設備、泡消火設備、不活性ガス消火設備、ハロゲン化物消火設備、粉末消火設備 |
| 第 4 種消火設備 | 大型消火器 |
| 第 5 種消火設備 | 小型消火器、水バケツ、水槽、乾燥砂、膨張ひる石、膨張真珠岩 |

**消火設備の設置基準**

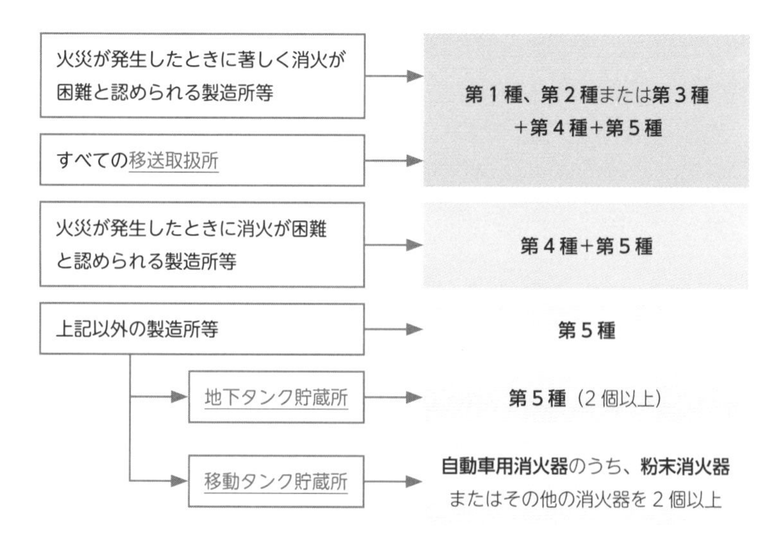

## 消火設備の設置方法

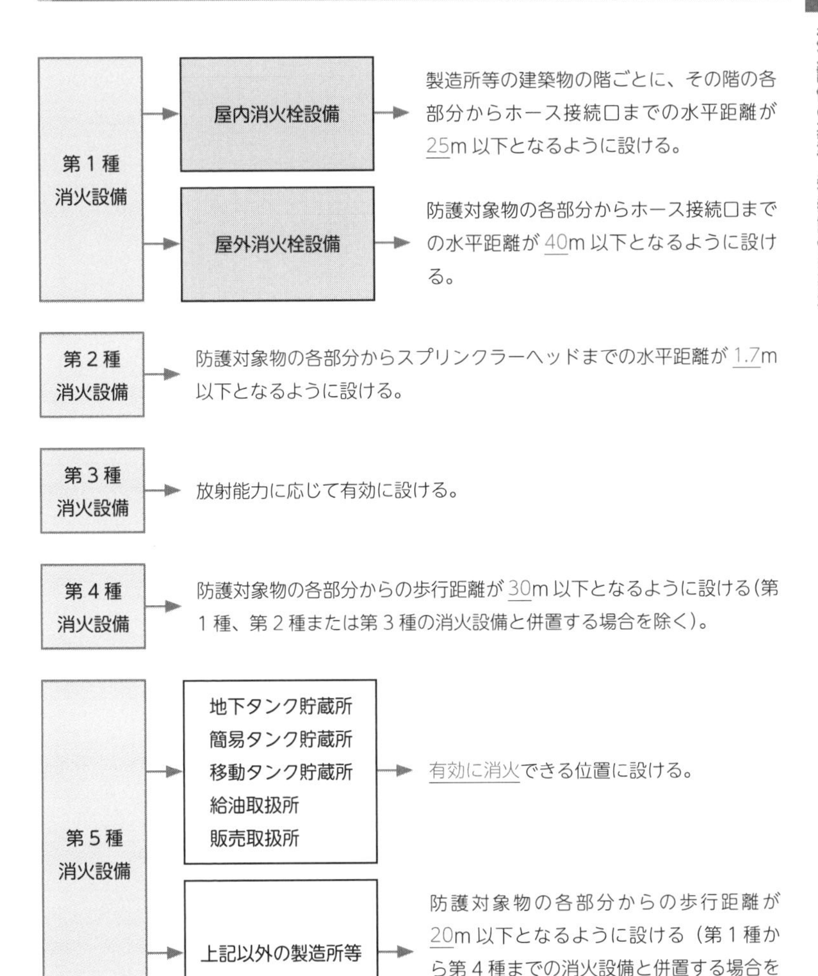
第１種
消火設備
屋内消火栓設備
製造所等の建築物の階ごとに、その階の各部分からホース接続口までの水平距離が25m以下となるように設ける。
屋外消火栓設備
防護対象物の各部分からホース接続口までの水平距離が40m以下となるように設ける。
第２種
消火設備
防護対象物の各部分からスプリンクラーヘッドまでの水平距離が1.7m以下となるように設ける。
第３種
消火設備
放射能力に応じて有効に設ける。
第４種
消火設備
防護対象物の各部分からの歩行距離が30m以下となるように設ける（第１種、第２種または第３種の消火設備と併置する場合を除く）。
第５種
消火設備
地下タンク貯蔵所
簡易タンク貯蔵所
移動タンク貯蔵所
給油取扱所
販売取扱所
有効に消火できる位置に設ける。
上記以外の製造所等
防護対象物の各部分からの歩行距離が20m以下となるように設ける（第１種から第４種までの消火設備と併置する場合を除く）。

## 所要単位

所要単位とは、製造所等の消火設備の設置の対象となる建築物その他の工作物の規模または危険物の量に応じた単位で、製造所等に対してどれくらいの消火能力を有する消火設備が必要かを定めるために用いられる。

### 製造所等の規模に応じた所要単位

| 区分 | 外壁の構造 | 1 所要単位とされる延べ面積 |
|---|---|---|
| 製造所<br>取扱所 | 耐火構造 | 100m² |
| | 耐火構造でない | 50m² |
| 貯蔵所 | 耐火構造 | 150m² |
| | 耐火構造でない | 75m² |
| 屋外の製造所等 | | 外壁を耐火構造とし、工作物の水平最大面積を建坪とする建築物とみなして算出 |

### 危険物の量に応じた所要単位

| 指定数量の 10 倍を **1 所要単位**とする |
|---|

・地下タンク貯蔵所は、延べ面積、危険物の量にかかわらず、第 5 種の消火設備を 2 個以上設けなければならない。

・移動タンク貯蔵所は、危険物の量にかかわらず、自動車用消火器のうち、粉末消火器またはその他の消火器を 2 個以上設けなければならない。

・電気設備に対する消火設備は、電気設備のある場所の面積 100m² ごとに 1 個以上設ける。

## 警報設備の種類

警報設備には、以下のものがある。

①自動火災報知設備
②消防機関に報知ができる電話
③非常ベル装置
④拡声装置
⑤警鐘

## 警報設備の設置基準

・指定数量の倍数が 10 以上の製造所等（移動タンク貯蔵所を除く）には、警報設備を設置しなければならない。
・下記の製造所等のうち、その規模や設備、指定数量の倍数等により総務省令で定められているものには、自動火災報知設備を設置しなければならない。

製造所・一般取扱所・屋内貯蔵所
屋外タンク貯蔵所（岩盤タンクを有するもの）
屋内タンク貯蔵所（タンク専用室を平家建以外の建築物に設けるもので著しく消火困難なもの）
給油取扱所（一方開放の屋内給油取扱所・上階を有する屋内給油取扱所）

## 問題

**1** 消火設備は、第 1 種から第 6 種に区分されている。

**2** 泡消火設備は、第 2 種消火設備である。

**3** 泡を放射する大型消火器は、第 3 種消火設備である。

**4** 屋外消火栓設備は、第 1 種消火設備である。

**5** 地下タンク貯蔵所には、第 5 種消火設備を 2 個以上設けなければならない。

**6** 第 1 種消火設備は、製造所等の建築物の階ごとに、その階の各部分からホース接続口までの水平距離が 30m 以下となるように設けなければならない。

**7** 第 4 種消火設備は、防護対象物の各部分からの水平距離が 30m 以下となるように設けなければならない（第 1 種、第 2 種または第 3 種の消火設備と併置する場合を除く）。

**8** 第 5 種消火設備は、防護対象物の各部分からの歩行距離が 30m 以下となるように設けなければならない（第 1 種から第 4 種までの消火設備と併置する場合を除く）。

## 解答・解説

**1**
×
消火設備は、第１種から第５種に区分されている。

**2**
×
泡消火設備は、第３種消火設備である。第２種消火設備は、スプリンクラー設備である。

**3**
×
大型消火器は、消火剤の種類にかかわらず、第４種消火設備に区分される。

**4**
○
第１種消火設備は、屋内消火栓設備及び屋外消火栓設備である。

**5**
○
地下タンク貯蔵所には、貯蔵し、または取り扱う危険物の品名や数量にかかわらず、第５種消火設備を２個以上設けなければならない。

**6**
×
第１種消火設備は、製造所等の建築物の階ごとに、その階の各部分からホース接続口までの水平距離が25m以下となるように設けなければならない。

**7**
×
第４種消火設備は、防護対象物の各部分からの歩行距離が30m以下となるように設けなければならない（第１種、第２種または第３種の消火設備と併置する場合を除く）。

**8**
×
第５種消火設備は、防護対象物の各部分からの歩行距離が20m以下となるように設けなければならない（第１種から第４種までの消火設備と併置する場合を除く）。

## 問題

**9** 外壁が耐火構造である製造所の建築物は、延べ面積 100m$^2$ を 1 所要単位とする。

**10** 外壁が耐火構造でない製造所の建築物は、延べ面積 75m$^2$ を 1 所要単位とする。

**11** 外壁が耐火構造である屋内貯蔵所の建築物は、延べ面積 200m$^2$ を 1 所要単位とする。

**12** 外壁が耐火構造でない屋内貯蔵所の建築物は、延べ面積 75m$^2$ を 1 所要単位とする。

**13** 危険物は、指定数量の 100 倍を 1 所要単位とする。

**14** 販売取扱所で一定以上の規模のものには、自動火災報知設備を設置しなければならない。

**15** 給油取扱所は、すべて自動火災報知設備を設置しなければならない。

**16** 指定数量の倍数が 10 以上の移動タンク貯蔵所には、警報設備を設置しなければならない。

## 解答・解説

**9** ○

製造所、取扱所については、外壁が耐火構造である場合、建築物の延べ面積 100m² を１所要単位とする。

**10** ×

製造所、取扱所については、外壁が耐火構造でない場合、建築物の延べ面積 50m² を１所要単位とする。

**11** ×

貯蔵所については、外壁が耐火構造である場合、建築物の延べ面積 150m² を１所要単位とする。

**12** ○

貯蔵所については、外壁が耐火構造でない場合、建築物の延べ面積 75m² を１所要単位とする。

**13** ×

危険物は、指定数量の 10 倍を１所要単位とする。

**14** ×

製造所等のうち、その規模や設備、指定数量の倍数等により自動火災報知設備の設置が義務づけられているものは、**製造所**・**一般取扱所**・**屋内貯蔵所**・**屋外タンク貯蔵所**・**屋内タンク貯蔵所**・**給油取扱所**である。

**15** ×

給油取扱所で自動火災報知設備を設置しなければならないのは、**一方開放**の屋内給油取扱所と、**上階**を有する屋内給油取扱所である。

**16** ×

指定数量の倍数が 10 以上の製造所等（**移動タンク貯蔵所**を除く）には、警報設備を設置しなければならない。

# Lesson 12 貯蔵・取扱いの基準

## すべての製造所等に共通する基準

・許可もしくは変更の届出された品名以外の危険物を貯蔵し、または取り扱ってはならない。

・許可もしくは届出された数量もしくは指定数量の倍数を超える危険物を貯蔵し、または取り扱ってはならない。

・みだりに火気を使用しない。

・係員以外の者をみだりに出入りさせない。

・常に整理及び清掃を行い、みだりに空箱等の不必要な物件を置かない。

・貯留設備または油分離装置にたまった危険物は、あふれないように随時くみ上げる。

・危険物のくず、かす等は、１日に１回以上、危険物の性質に応じて安全な場所で廃棄その他適当な処置をする。

・危険物を貯蔵し、または取り扱う建築物その他の工作物または設備は、危険物の性質に応じ、遮光または換気を行う。

・温度計、湿度計、圧力計その他の計器を監視して、危険物の性質に応じた適正な温度、湿度または圧力を保つ。

・危険物が漏れ、あふれ、または飛散しないように必要な措置を講ずる。

・危険物の変質、異物の混入等により危険性が増大しないように必要な措置を講ずる。

・危険物が残存し、または残存しているおそれがある設備等を修理する場合は、安全な場所で、危険物を完全に除去した後に行う。

・危険物を容器に収納して貯蔵し、または取り扱う場合、容器は、危険物の性質に適応し、かつ、破損、腐食、裂け目等がないものとする。
・危険物を収納した容器を、みだりに転倒させ、落下させ、衝撃を加え、または引きずる等粗暴な行為をしない。
・可燃性の液体、可燃性の蒸気もしくは可燃性のガスが漏れ、もしくは滞留するおそれのある場所または可燃性の微粉が著しく浮遊するおそれのある場所では、電線と電気器具とを完全に接続し、かつ、火花を発する機械器具、工具、履物等を使用しない。
・危険物を保護液中に保存する場合は、危険物が保護液から露出しないようにする。

## 危険物の類ごとに共通する基準

| | |
|---|---|
| 第１類危険物 | ・可燃物との接触もしくは混合、分解を促す物品との接近または過熱、衝撃もしくは摩擦を避ける。<br>・アルカリ金属の過酸化物及びこれを含有するものは、水との接触を避ける。 |
| 第２類危険物 | ・酸化剤との接触もしくは混合、炎、火花もしくは高温体との接近または過熱を避ける。<br>・鉄粉、金属粉及びマグネシウム並びにこれらのいずれかを含有するものは、水または酸との接触を避ける。<br>・引火性固体は、みだりに蒸気を発生させない。 |
| 第３類危険物 | ・自然発火性物品は、炎、火花もしくは高温体との接近、過熱または空気との接触を避ける。<br>・禁水性物品は、水との接触を避ける。 |
| 第４類危険物 | ・炎、火花もしくは高温体との接近または過熱を避ける。<br>・みだりに蒸気を発生させない。 |
| 第５類危険物 | ・炎、火花もしくは高温体との接近、過熱、衝撃または摩擦を避ける。 |
| 第６類危険物 | ・可燃物との接触もしくは混合、分解を促す物品との接近または過熱を避ける。 |

## 貯蔵の基準

貯蔵所において危険物を貯蔵する場合は、p.126～127に示した共通の基準によるほか、以下の基準に従わなければならない。

- 貯蔵所においては、原則として、危険物以外の物品を貯蔵してはならない（総務省令で定める場合を除く）。
- 屋内貯蔵所及び屋外貯蔵所においては、危険物は、原則として容器に収納して貯蔵しなければならない（屋内貯蔵所において塊状の硫黄等を貯蔵する場合などを除く）。
- 屋内貯蔵所及び屋外貯蔵所において危険物を貯蔵する場合は、以下の高さを超えて容器を積み重ねてはならない。
  ①下記以外の場合：3m
  ②第4類危険物のうち、第三石油類、第四石油類及び動植物油類を収納する容器のみを積み重ねる場合：4m
  ③機械により荷役する構造を有する容器のみを積み重ねる場合：6m
- 屋外貯蔵所において危険物を収納した容器を架台で貯蔵する場合は、6mを超えて容器を貯蔵してはならない。
- 屋内貯蔵所においては、容器に収納して貯蔵する危険物の温度が55℃を超えないように必要な措置を講じなければならない。
- 屋外貯蔵タンク、屋内貯蔵タンク、地下貯蔵タンクまたは簡易貯蔵タンクの計量口は、計量するとき以外は閉鎖しておく。
- 屋外貯蔵タンク、屋内貯蔵タンクまたは地下貯蔵タンクの元弁（液体の危険物を移送するための配管に設けられた弁のうちタンクの直近にあるものをいう）及び注入口の弁またはふたは、危険物を入れ、または出すとき以外は閉鎖しておかなければならない。
- 屋外貯蔵タンクの周囲に防油堤がある場合は、その水抜口を通常は閉鎖しておき、防油堤の内部に滞油し、または滞水した場合は、遅滞なくこれを排出しなければならない。

・移動貯蔵タンクには、貯蔵し、または取り扱う危険物の類、品名及び最大数量を表示しなければならない。

## 異なる類の危険物の貯蔵

類の異なる危険物は、原則として、同一の貯蔵所（耐火構造の隔壁で完全に区分された室が２以上ある貯蔵所においては同一の室）に貯蔵してはならない。ただし、屋内貯蔵所または屋外貯蔵所において、総務省令で定める危険物を危険物の類ごとに取りまとめて貯蔵し、かつ、相互に 1m 以上の間隔を置く場合はこの限りでない。

**同時貯蔵できる危険物の組合せの例**

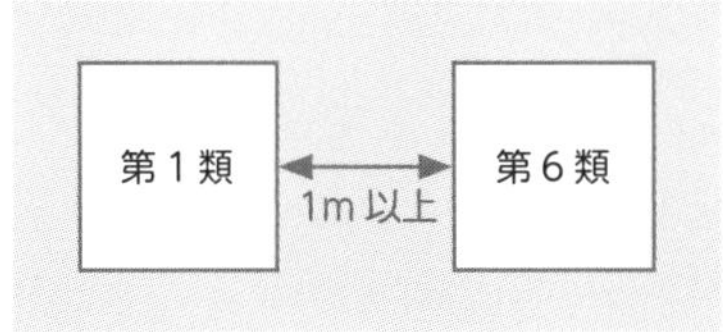


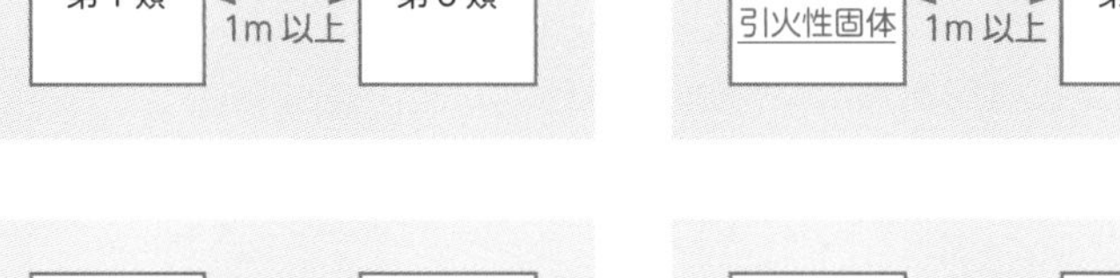


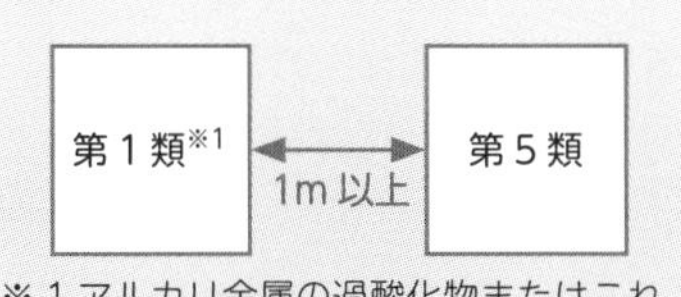


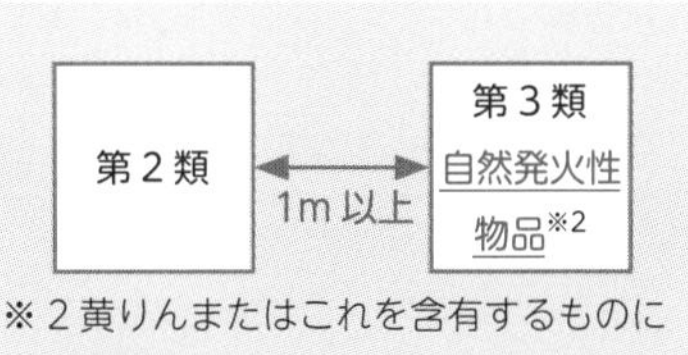

## 取扱いの基準

製造所等において危険物を取り扱う場合は、p.126 ~ 127 に示した共通の基準によるほか、以下の基準に従わなければならない。

| | |
|---|---|
| **製造**<br>の基準 | ・蒸留工程においては、危険物を取り扱う設備の内部圧力の変動等により、液体、蒸気またはガスが漏れないようにする。<br>・抽出工程においては、抽出罐の内圧が異常に上昇しないようにする。<br>・乾燥工程においては、危険物の温度が局部的に上昇しない方法で加熱し、または乾燥する。<br>・粉砕工程においては、危険物の粉末が著しく浮遊し、または附着している状態で機械器具等を取り扱わない。 |
| **詰替**<br>の基準 | ・危険物を容器に詰め替える場合は、総務省令により定められた容器に収納するとともに、防火上安全な場所で行う。 |
| **消費**<br>の基準 | ・吹付塗装作業は、防火上有効な隔壁等で区画された安全な場所で行う。<br>・焼入れ作業は、危険物が危険な温度に達しないようにして行う。<br>・染色または洗浄の作業は、可燃性の蒸気の換気をよくして行うとともに、廃液をみだりに放置しないで安全に処置する。<br>・バーナーを使用する場合においては、バーナーの逆火を防ぎ、かつ、危険物があふれないようにする。 |
| **廃棄**<br>の基準 | ・焼却する場合は、安全な場所で、燃焼または爆発によって他に危害または損害を及ぼすおそれのない方法で行うとともに、見張人をつける。<br>・埋没する場合は、危険物の性質に応じ、安全な場所で行う。<br>・危険物は、原則として海中または水中に流出させ、または投下しない。 |

# 施設区分ごとの取扱いの基準

## 給油取扱所における取扱いの基準

・自動車等に給油するときは、固定給油設備を使用して直接給油する。
・自動車等に給油するときは、自動車等の原動機を停止させる。
・自動車等の一部または全部が給油空地からはみ出たままで給油しない。
・自動車等の洗浄には、引火点を有する液体の洗剤を使用しない。

## 顧客に自ら給油等をさせる給油取扱所における取扱いの基準

・顧客用固定給油設備及び顧客用固定注油設備以外の設備を使用して顧客自らによる給油または容器への詰替えを行わない。
・顧客の給油作業等を直視等により適切に監視する。
・顧客の給油作業等について必要な指示を行う。
・顧客の給油作業等が開始されるときには、火気のないことその他安全上支障のないことを確認した上で、制御装置を用いてホース機器への危険物の供給を開始し、顧客の給油作業等が行える状態にすること。
・顧客の給油作業等が終了したとき並びに顧客用固定給油設備及び顧客用固定注油設備のホース機器が使用されていないときには、制御装置を用いてホース機器への危険物の供給を停止し、顧客の給油作業等が行えない状態にすること。

## 移動タンク貯蔵所における取扱いの基準

・移動貯蔵タンクから危険物を貯蔵し、または取り扱うタンクに液体の危険物を注入するときは、当該タンクの注入口に移動貯蔵タンクの注入ホースを緊結する（例外規定あり）。
・移動貯蔵タンクから液体の危険物を容器に詰め替えない（引火点 40℃以上の第４類の危険物については例外規定あり）。
・ガソリン、ベンゼンその他静電気による災害が発生するおそれのある液体の危険物を移動貯蔵タンクに入れ、または移動貯蔵タンクから出すときは、移動貯蔵タンクを接地する。
・移動貯蔵タンクから危険物を貯蔵し、または取り扱うタンクに引火点が 40℃未満の危険物を注入するときは、移動タンク貯蔵所の原動機を停止させる。

## 問題

**1** 製造所等では、許可を受けた危険物と同じ類、同じ数量の危険物であれば、貯蔵し、または取り扱う危険物の品名を随時変更することができる。

**2** 製造所等では、危険物のくず、かす等を、1週間に1回以上、危険物の性質に応じて安全な場所で廃棄その他適当な処置をしなければならない。

**3** 危険物が残存し、または残存しているおそれがある設備等を修理する場合は、安全な場所で、十分に換気をしながら行う。

**4** 可燃性の蒸気が滞留するおそれのある場所では、火花を発する機械器具、工具等を使用してはならない。

**5** 危険物を保護液中に保存する場合は、確認のために危険物の一部を保護液から露出させておく。

**6** 製造所等では、いかなる場合も火気を使用してはならない。

**7** 第1類の危険物のうち、アルカリ金属の過酸化物及びこれを含有するものを貯蔵し、または取り扱う場合は、水との接触を避けなければならない。

**8** 第2類危険物のうち、鉄粉、金属粉及びマグネシウム並びにこれらのいずれかを含有するものを貯蔵し、または取り扱う場合は、水との接触を避けなければならない。

## 解答・解説

**1** ×

製造所等では、許可（もしくは変更の届出）された**品名**以外の危険物を貯蔵し、または取り扱ってはならない。

**2** ×

危険物のくず、かす等は、１日に１回以上、危険物の性質に応じて安全な場所で廃棄その他適当な処置をしなければならない。

**3** ×

危険物が残存し、または残存しているおそれがある設備等を修理する場合は、安全な場所で、危険物を完全に**除去**した後に行わなければならない。

**4** ○

可燃性の液体、可燃性の蒸気もしくは可燃性のガスが漏れ、もしくは滞留するおそれのある場所または可燃性の微粉が著しく浮遊するおそれのある場所では、**火花**を発する機械器具、工具、履物等を使用してはならない。

**5** ×

危険物を保護液中に保存する場合は、危険物が保護液から**露出**しないようにしなければならない。

**6** ×

製造所等では、**みだりに**火気を使用してはならないと定められているが、いかなる場合も火気を使用してはならないという定めはない。製造所等には、業務のために火気を使用する施設もある。

**7** ○

アルカリ金属の過酸化物及びこれを含有するものを貯蔵し、または取り扱う場合は、**水**との接触を避けなければならない。

**8** ○

鉄粉、金属粉及びマグネシウム並びにこれらのいずれかを含有するものを貯蔵し、または取り扱う場合は、**水**または**酸**との接触を避けなければならない。

## 問題

**9** 貯蔵所には、原則として、危険物以外の物品を貯蔵してはならない。

**10** 屋内貯蔵所及び屋外貯蔵所において危険物を貯蔵する場合は、容器を積み重ねてはならない。

**11** 屋内貯蔵所においては、容器に収納して貯蔵する危険物の温度が60℃を超えないように必要な措置を講じなければならない。

**12** 屋外貯蔵タンクの計量口は、計量するとき以外は閉鎖しておかなければならない。

**13** 屋外貯蔵タンクに設けられている防油堤の水抜口は、通常は開放しておかなければならない。

**14** 簡易貯蔵タンクの通気管は、危険物を入れ、または出すとき以外は閉鎖しておかなければならない。

**15** 移動貯蔵タンクには、貯蔵し、または取り扱う危険物の類、品名及び最大数量を表示しなければならない。

**16** 類の異なる危険物は、いかなる場合も同一の貯蔵所（耐火構造の隔壁で完全に区分された室が 2 以上ある貯蔵所においては同一の室）に貯蔵してはならない。

**9** ○
貯蔵所には、原則として、**危険物**以外の物品を貯蔵してはならない（総務省令で定める場合を除く）。

**10** ×
屋内貯蔵所及び屋外貯蔵所において危険物を貯蔵する場合、容器を積み重ねることは禁止されていない。ただし、積み重ねる**高さ**には制限が設けられている。

**11** ×
屋内貯蔵所においては、容器に収納して貯蔵する危険物の温度が**55℃**を超えないように必要な措置を講じなければならない。

**12** ○
屋外貯蔵タンク、屋内貯蔵タンク、地下貯蔵タンクまたは簡易貯蔵タンクの計量口は、計量するとき以外は**閉鎖**しておかなければならない。

**13** ×
屋外貯蔵タンクの周囲に防油堤がある場合は、その水抜口を通常は**閉鎖**しておき、防油堤の内部に滞油し、または滞水した場合は、遅滞なくこれを**排出**しなければならない。

**14** ×
問題文のような規定はない。通気管は、タンクの内部の圧力を正常に保つためのものであるから、常時大気に**開放**されていなければならない。

**15** ○
移動貯蔵タンクには、貯蔵し、または取り扱う危険物の**類**、**品名**及び**最大数量**を表示しなければならない。

**16** ×
類の異なる危険物は、**原則として**、同一の貯蔵所（耐火構造の隔壁で完全に区分された室が２以上ある貯蔵所においては同一の室）に貯蔵してはならない。この規定の例外となる場合についてはp.129参照。

## 問題

**17** 油分離装置にたまった危険物は、随時酸化剤で処理して下水道等に排水しなければならない。

**18** 危険物を焼却により廃棄してはならない。

**19** 給油取扱所において自動車等に給油するときは、固定給油設備を使用して直接給油しなければならない。

**20** 給油取扱所において自動車等にガソリンを給油するときは、自動車等の原動機を停止させなければならないが、自動車等に軽油を給油するときは、自動車等の原動機を停止させなくともよい。

**21** 給油取扱所において自動車等に給油するときは、自動車等の一部が給油空地からはみ出た状態で給油してはならない。

**22** 顧客に自ら給油等をさせる給油取扱所では、顧客用固定注油設備を使用して顧客に自らガソリンを容器に詰め替えさせることができる。

**23** 静電気による災害が発生するおそれのある液体の危険物を移動貯蔵タンクに入れ、または移動貯蔵タンクから出すときは、移動貯蔵タンクを接地しなければならない。

**24** 移動貯蔵タンクから危険物を貯蔵し、または取り扱うタンクに引火点が 60℃未満の危険物を注入するときは、移動タンク貯蔵所の原動機を停止させなければならない。

## 解答・解説

**17** ×

油分離装置にたまった危険物は、あふれないように随時**くみ上げ**なければならない（p.126 参照）。危険物は、原則として海中または水中に**流出**させ、または投下してはならない。

**18** ×

危険物を焼却により廃棄する場合は、安全な場所で、燃焼または爆発によって他に危害または損害を及ぼすおそれのない方法で行うとともに、**見張人**をつけなければならない。焼却すること自体は禁止されていない。

**19** ○

給油取扱所において自動車等に給油するときは、**固定給油設備**を使用して**直接**給油しなければならない。固定給油設備以外の設備を使用して給油してはならない。

**20** ×

給油取扱所において自動車等に給油するときは、自動車等の**原動機**を停止させなければならない。このため、給油取扱所には、「給油中エンジン停止」と表示した掲示板を設けることが義務づけられている（p.107 参照）。

**21** ○

給油取扱所において自動車等に給油するときは、自動車等の**一部**または**全部**が給油空地からはみ出たままで給油してはならない。

**22** ×

顧客に自ら給油等をさせる給油取扱所において、顧客に自ら**ガソリン**を容器に詰め替えさせることはできない。顧客用固定注油設備を使用して顧客に自ら容器に詰め替えさせることができるのは、**灯油**もしくは**軽油**である。

**23** ○

ガソリン、ベンゼンその他**静電気**による災害が発生するおそれのある液体の危険物を移動貯蔵タンクに入れ、または移動貯蔵タンクから出すときは、移動貯蔵タンクを**接地**しなければならない。

**24** ×

移動貯蔵タンクから危険物を貯蔵し、または取り扱うタンクに引火点が40℃未満の危険物を注入するときは、移動タンク貯蔵所の原動機を停止させなければならない。

# Lesson 13 運搬の基準／移送の基準

## 運搬の基準

・危険物を車両等により運搬する場合は、総務省令で定める運搬容器に収納して積載しなければならない（塊状の硫黄等を運搬する場合などを除く）。

・危険物は、運搬容器の外部に下記の事項を表示して積載しなければならない。

①危険物の品名、危険等級及び化学名並びに第４類の危険物のうち水溶性の性状を有するものにあっては「水溶性」

②危険物の数量

③収納する危険物に応じた注意事項（第４類の危険物は「火気厳禁」）

### 第４類危険物の危険等級

| 危険等級 I | 特殊引火物 |
|---|---|
| 危険等級 II | 第一石油類・アルコール類 |
| 危険等級 III | 上記以外の危険物 |

・危険物が転落し、または危険物を収納した運搬容器が落下し、転倒し、もしくは破損しないように積載しなければならない。

・運搬容器は、収納口を上方に向けて積載しなければならない。

・危険物を収納した運搬容器を積み重ねる場合は、その高さを 3m 以下にしなければならない。

・危険物または危険物を収納した運搬容器が著しく摩擦または動揺を起

さないように運搬しなければならない。

・指定数量以上の危険物を車両で運搬する場合は、車両に標識を掲げなければならない（p.106 参照）。

・指定数量以上の危険物を車両で運搬する場合において、積替、休憩、故障等のため車両を一時停止させるときは、安全な場所を選び、かつ、運搬する危険物の保安に注意しなければならない。

・指定数量以上の危険物を車両で運搬する場合は、運搬する危険物に適応する消火設備を備えなければならない。

・危険物の運搬中、危険物が著しく漏れる等災害が発生するおそれのある場合は、災害を防止するため応急の措置を講ずるとともに、もよりの消防機関その他の関係機関に通報しなければならない。

・液体の危険物は、運搬容器の内容積の 98% 以下の収納率で、かつ、55℃の温度において漏れないように十分な空間容積を有して運搬容器に収納しなければならない。

## 異なる類の危険物の混載禁止

| | 第１類 | 第２類 | 第３類 | 第４類 | 第５類 | 第６類 |
|---|---|---|---|---|---|---|
| 第１類 | | × | × | × | × | ○ |
| 第２類 | × | | × | ○ | ○ | × |
| 第３類 | × | × | | ○ | × | × |
| 第４類 | × | ○ | ○ | | ○ | × |
| 第５類 | × | ○ | × | ○ | | × |
| 第６類 | ○ | × | × | × | × | |

○：混載可　×：混載禁止

※指定数量の 1/10 以下の危険物にはこの規定は適用されない。

## 移送の基準

・移動タンク貯蔵所による危険物の移送は、移送する危険物を取り扱うことができる危険物取扱者を乗車させて行わなければならない。

・危険物取扱者は、危険物の移送をする移動タンク貯蔵所に乗車しているときは、危険物取扱者免状を携帯していなければならない。

・危険物の移送をする者は、移送の開始前に、移動貯蔵タンクの底弁その他の弁、マンホール及び注入口のふた、消火器等の点検を十分に行わなければならない。

・危険物の移送をする者は、移動タンク貯蔵所を休憩、故障等のため一時停止させるときは、安全な場所を選ばなければならない。

・危険物の移送をする者は、移動貯蔵タンクから危険物が著しく漏れる等災害が発生するおそれのある場合には、災害を防止するため応急措置を講ずるとともに、もよりの消防機関その他の関係機関に通報しなければならない。

・アルキルアルミニウム等を移送する場合は、移送の経路その他必要な事項を記載した書面を関係消防機関に送付するとともに、書面の写しを携帯し、書面に記載された内容に従わなければならない（災害その他やむを得ない理由がある場合を除く）。

・消防吏員（りいん）または警察官は、危険物の移送に伴う火災の防止のため特に必要があると認める場合には、走行中の移動タンク貯蔵所を停止させ、当該移動タンク貯蔵所に乗車している危険物取扱者に対し、危険物取扱者免状の提示を求めることができる。

## 運転要員の確保

危険物の移送が、移送の経路、交通事情、自然条件その他の条件から判断して、下記のいずれかに該当すると認められる場合は、２人以上の運転要員を確保しなければならない。

①１人の運転要員による連続運転時間※が、４時間を超える移送

②１人の運転要員による運転時間が、１日当たり９時間を超える移送

※１回が連続10分以上で、かつ、合計が30分以上の、運転の中断をすることなく連続して運転する時間をいう。

ただし、以下の危険物の移送については、上記の規定は適用されない。

・第２類の危険物

・第３類の危険物のうちカルシウムまたはアルミニウムの炭化物及びこれのみを含有するもの

・第４類の危険物のうち第一石油類及び第二石油類（原油分留品、酢酸エステル、ぎ酸エステル及びメチルエチルケトンに限る）、アルコール類、第三石油類、第四石油類、動植物油類

## 移動タンク貯蔵所に備え付けなければならない書類等

移動タンク貯蔵所には、以下のものを備え付けなければならない。

・完成検査済証

・定期点検の点検記録

・譲渡または引渡の届出書

・危険物の品名、数量または指定数量の倍数の変更の届出書

⇒移動タンク貯蔵所に掲げる標識については、p.106参照。

## 問題

**1** 指定数量以上の危険物を車両等により運搬する場合は、危険物取扱者が乗車しなければならない。

**2** 危険物を車両等により運搬する場合は、運搬容器の外部に、収納する危険物に応じた注意事項を表示しなければならない。

**3** 危険物を車両等により運搬する場合は、運搬容器の外部に、収納する危険物に応じた消火方法を表示しなければならない。

**4** ガソリンを車両等により運搬する場合は、運搬容器の外部に「危険等級 III」と表示しなければならない。

**5** 危険物を車両等により運搬する場合において、危険物を収納した運搬容器を積み重ねる場合は、その高さを 4m 以下にしなければならない。

**6** 指定数量以上の危険物を車両で運搬する場合は、車両に「危」と表示した標識を掲げなければならない

**7** 指定数量以上の危険物を車両で運搬する場合は、運搬する危険物に適応する消火設備を備えなければならない。

**8** 第 4 類の危険物は、第 3 類の危険物と混載することができない（危険物の量が指定数量の 1/10 以下である場合を除く）。

## 解答・解説

**1**　×

危険物を車両等により**運搬**する場合は、危険物取扱者が乗車することを要しない。危険物を移動タンク貯蔵所により**移送**する場合は、危険物取扱者が乗車しなければならない（p.140 参照）。

**2**　○

危険物を車両等により運搬する場合は、運搬容器の外部に収納する危険物に応じた**注意事項**を表示して積載しなければならない。第４類の危険物については、「**火気厳禁**」と表示する。

**3**　×

**消火方法**は、運搬容器の外部に表示しなければならない事項に含まれない。

**4**　×

ガソリンは、第４類の危険物のうち**第一石油類**に含まれるので、ガソリンを車両等により運搬する場合は、運搬容器の外部に「**危険等級 II**」と表示しなければならない。

**5**　×

危険物を収納した運搬容器を積み重ねる場合は、その高さを **3m** 以下にしなければならない。

**6**　○

指定数量以上の危険物を車両で運搬する場合は、車両に、黒色の地に黄色の文字で「**危**」と表示した標識を、車両の前後の見やすい箇所に掲げなければならない。標識の大きさは 0.3m 平方とする（p.106 参照）。

**7**　○

指定数量以上の危険物を車両で運搬する場合は、運搬する危険物に適応する**消火設備**を備えなければならない。

**8**　×

第４類の危険物は、**第１類**、**第６類**の危険物と混載することができない（危険物の量が指定数量の 1/10 以下である場合を除く）。第３類の危険物と混載することはできる。

## 問題

**9** 移動タンク貯蔵所により危険物を移送する際は、危険物取扱者が運転しなければならない。

**10** 危険物を移送するために移動タンク貯蔵所に乗車している危険物取扱者は、危険物取扱者免状を携帯していなければならない。

**11** 危険物の移送をする者は、1週間に1回以上、移動貯蔵タンクの底弁その他の弁、マンホール及び注入口のふた、消火器等の点検を行わなければならない。

**12** 移動タンク貯蔵所により危険物を移送する際は、あらかじめ、その旨を所轄消防長または消防署長に届け出なければならない。

**13** 移動タンク貯蔵所によるガソリンの移送は、丙種危険物取扱者を乗車させて行うことができる。

**14** 移動タンク貯蔵所の完成検査済証は、移動タンク貯蔵所を常置する事業所において常時保管しなければならない。

**15** 移動タンク貯蔵所には、設置許可書を備え付けなければならない。

**16** 危険物を移送する際に、1人の運転要員による運転時間が1日当たり10時間を超えるときは、2人以上の運転要員を確保しなければならない（総務省令で定める危険物の移送を除く）。

## 解答・解説

**9** ×
移動タンク貯蔵所により危険物を移送する際は、移送する危険物を取り扱うことができる危険物取扱者が**乗車**しなければならないが、運転者が危険物取扱者である必要はない。

**10** ○
危険物取扱者は、危険物の移送をする移動タンク貯蔵所に乗車しているときは、危険物取扱者免状を**携帯**していなければならない。

**11** ×
危険物の移送をする者は、移送の**開始前**に、移動貯蔵タンクの底弁その他の弁、マンホール及び注入口のふた、消火器等の点検を十分に行わなければならない。

**12** ×
移動タンク貯蔵所により危険物を移送する場合、**届出**の義務はない。ただし、アルキルアルミニウム等を移送する場合は、移送の経路その他必要な事項を記載した書面を関係消防機関に**送付**しなければならない。

**13** ○
移動タンク貯蔵所により危険物を移送する際は、移送する危険物を取り扱うことができる**危険物取扱者**が乗車しなければならない。丙種危険物取扱者はガソリンを取り扱うことができるので、ガソリンの移送もできる。

**14** ×
移動タンク貯蔵所の完成検査済証は、**移動タンク貯蔵所**に備え付けなければならない。

**15** ×
移動タンク貯蔵所に備え付けなければならない書類等に、**設置許可書**は含まれない。

**16** ×
１人の運転要員による運転時間が１日当たり**9**時間を超えると認められるときは、２人以上の運転要員を確保しなければならない（動植物油類その他総務省令で定める危険物の移送を除く）。

# Lesson 14 行政命令等

## 義務違反に対する措置命令

製造所等の所有者、管理者または占有者は、下表右欄に該当する事項または事案が発生した場合は、市町村長等から、それぞれ下表左欄に該当する措置命令を受けることがある。

| 措置命令の種類 | 該当事項 |
| --- | --- |
| **危険物の貯蔵・取扱基準遵守命令** | 製造所等においてする危険物の貯蔵または取扱いが技術上の基準に違反していると認めるとき |
| **危険物施設の基準適合命令**<br>（修理、改造または移転の命令） | 製造所、貯蔵所または取扱所の位置、構造及び設備が技術上の基準に適合していないと認めるとき |
| **危険物保安統括管理者**<br>または<br>**危険物保安監督者の解任命令** | 危険物保安統括管理者もしくは危険物保安監督者が法令に違反したとき、またはこれらの者にその業務を行わせることが公共の安全の維持もしくは災害の発生の防止に支障を及ぼすおそれがあると認めるとき |
| **予防規程変更命令** | 火災の予防のために必要があるとき |
| **危険物施設の応急措置命令** | 製造所等において、危険物の流出その他の事故が発生し、応急の措置が講じられていないとき |

## 無許可貯蔵等の危険物に対する措置命令

市町村長等は、許可または仮貯蔵・仮取扱いの承認を受けずに指定数量以上の危険物を貯蔵し、または取り扱っている者に対して、危険物の除去その他危険物による災害防止のための必要な措置をとるべきことを命ずることができる。

## 製造所等の許可の取消しと使用停止命令

製造所等の所有者、管理者または占有者は、下表右欄に掲げる事項に該当する場合は、市町村長等から、製造所等の設置許可の取消しを命じられ、または期間を定めて製造所等の使用停止命令を受けることがある。

| | |
|---|---|
| **製造所等の許可の取消し** または **使用停止命令** に該当する事項 | 製造所等の位置、構造または設備を無許可で変更したとき |
| | 製造所等を完成検査済証の交付前に使用したときまたは仮使用の承認を受けずに使用したとき |
| | 製造所等の位置、構造及び設備にかかわる措置命令に違反したとき |
| | 政令で定める屋外タンク貯蔵所または移送取扱所の保安検査を受けないとき |
| | 定期点検の実施、点検記録の作成、保存がなされていないとき |
| **製造所等の使用停止命令** に該当する事項 | 危険物の貯蔵・取扱い基準の遵守命令に違反したとき |
| | 危険物保安統括管理者を定めないときまたは危険物保安統括管理者に危険物の保安に関する業務を統括管理させていないとき |
| | 危険物保安監督者を定めないときまたは危険物保安監督者に危険物の取扱作業に関して保安の監督をさせていないとき |
| | 危険物保安統括管理者または危険物保安監督者の解任命令に違反したとき |

## 行政命令を行う者

・義務違反に対する措置命令は、市町村長等が行う。
・無許可貯蔵等の危険物に対する措置命令は、市町村長等が行う。
・製造所等の許可の取消しまたは使用停止命令は、市町村長等が行う。
・危険物取扱者免状の返納命令は、都道府県知事が行う（p.39 参照）。

## 問題

**1** 市町村長等は、製造所等における危険物の貯蔵または取扱いが技術上の基準に違反しているときは、基準に従って危険物を貯蔵し、または取り扱うよう命ずることができる。

**2** 市町村長等は、危険物施設保安員が法令に違反したときは、危険物施設保安員の解任を命ずることができる。

**3** 市町村長等は、許可を受けずに指定数量以上の危険物を貯蔵し、または取り扱っている者に対して、危険物の除去を命ずることができる。

**4** 危険物の貯蔵・取扱い基準の遵守命令に違反した場合は、市町村長等が製造所等の許可の取消しを命ずる事由に該当する。

**5** 危険物保安監督者を定めなければならない製造所等において危険物保安監督者を定めていない場合は、市町村長等が製造所等の許可の取消しを命ずる事由に該当する。

**6** 製造所等を完成検査済証の交付前に使用した場合は、市町村長等が製造所等の許可の取消しを命ずる事由に該当する。

**7** 製造所等の譲渡が行われたが、譲受人がその旨を市町村長等に届け出なかった場合は、市町村長等が製造所等の使用停止を命ずる事由に該当する。

**8** 危険物取扱者が、身体が不自由になり危険物の取扱作業に従事することができなくなったときは、危険物取扱者免状を交付した都道府県知事により、免状の返納を命じられることがある。

## 解答・解説

**1** ○

市町村長等は、製造所等における危険物の**貯蔵**または**取扱い**が技術上の基準に違反していると認めるときは、製造所等の所有者等に対して、基準に従って危険物を貯蔵し、または取り扱うよう命ずることができる。

**2** ×

法令に違反した場合に市町村長等が解任を命ずることができるのは、**危険物保安統括管理者**並びに**危険物保安監督者**である。

**3** ○

市町村長等は、**許可**または仮貯蔵・仮取扱いの**承認**を受けずに指定数量以上の危険物を貯蔵し、または取り扱っている者に対して、危険物の**除去**その他災害防止のための必要な措置をとるべきことを命ずることができる。

**4** ×

危険物の貯蔵・取扱い基準の遵守命令に違反した場合は、市町村長等が製造所等の**使用停止**を命ずる事由に該当するが、製造所等の許可の取消しを命ずる事由には該当しない。

**5** ×

危険物保安監督者を定めなければならない製造所等において危険物保安監督者を定めていない場合は、市町村長等が製造所等の**使用停止**を命ずる事由に該当するが、製造所等の許可の取消しを命ずる事由には該当しない。

**6** ○

製造所等を完成検査済証の交付前に使用したときまたは仮使用の承認を受けずに使用したときは、市町村長等が製造所等の**許可の取消し**または使用停止を命ずる事由に該当する。

**7** ×

製造所等の譲渡の届出を怠った場合は、市町村長等が製造所等の**使用停止**を命ずる事由には該当しない。なお、この場合は、30万円以下の罰金または拘留に処せられる。

**8** ×

危険物取扱者が免状の返納を命じられるのは、消防法または消防法に基づく命令の規定に**違反**していると認められる場合であり、それ以外の理由により免状の返納を命じられることはない（p.39参照）。

# ゴロ合わせで覚えよう！

➡ p.21

## 屋外貯蔵所で貯蔵・取扱いができる第４類危険物

**僕、アウトドア派だよん！**
（屋外貯蔵所）（第４類）

**動物、植物、大好きさ。**
（動植物油類）

**歩こう、0、1、2、3、4！**
（アルコール類）（0℃以上・第一）（第二）（第三）（第四）

屋外貯蔵所で貯蔵・取扱いできる第４類危険物は、引火点0℃以上の第一石油類、アルコール類、第二石油類、第三石油類、第四石油類、動植物油類。

➡ p.38

## 危険物の取扱作業の立会い

**ヘイ！ キミたち。**
（丙）（立）

**愛してはイケナイ！**
（会い）（できない）

丙種危険物取扱者は、危険物取扱者以外の者が行う危険物の取扱作業の立会いはできない。

➡ p.80

## 屋外貯蔵タンクの防油堤

**もう言っていい？**
（防）（油）（堤）

**奥さん、意外に貯金が**
（屋）（外）（貯蔵）

**たくさん…**
（タンク）

**要領よく１割増しよ！**
（容量）（110%）

屋外貯蔵タンクの周囲に設ける防油堤の容量は、タンクの容量の110%以上。

# 第2章

# 基礎的な物理学及び基礎的な化学

# Lesson 01 基礎的な物理学

## 物質の三態と状態変化

・一般に、物質には固体、液体、気体の３つの状態がある（物質の三態）。
・物質の状態は、温度や圧力により変化する。

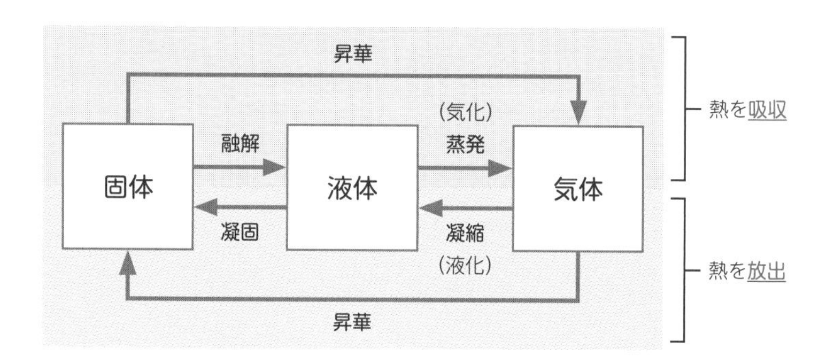


## 沸騰と沸点

・液体を一定圧力のもとで加熱したときに、ある温度に達すると、液体の表面だけでなく内部からも激しく蒸発が起こり、気泡を発生する。この現象を沸騰といい、沸騰が起きる温度を沸点という。
・沸騰は、液体の飽和蒸気圧が外圧と等しくなることにより起きる。
・一定圧力のもとで、純粋な物質は、その物質固有の一定の沸点をもつ。
・沸点は、外圧が高くなると高くなり、外圧が低くなると低くなる。
・液体に不揮発性の物質を溶かすと、液体だけのときより沸点が高くなる。この現象を沸点上昇という。

## 気体の性質

### アボガドロの法則

・すべての気体は、同温同圧のもとでは同体積中に同数の分子を含む。

・すべての気体 1mol は、標準状態（0℃・1 気圧）で約 22.4L の体積を占め、その中に $6.02 \times 10^{23}$ 個（アボガドロ定数）の分子を含む。

> モル［mol］は物質量の単位で、1mol の物質は $6.02 \times 10^{23}$ 個の分子を含む。物質の分子量にグラム［g］を付けると、その物質 1mol の質量になる。
>
> **例**：二酸化炭素（$CO_2$）の分子量は、炭素原子の原子量 12 と、酸素原子の原子量 16 から、12 ＋（16 × 2）＝ 44。二酸化炭素 1mol の質量は 44g。

### ボイル・シャルルの法則

・気体の体積は圧力に反比例し、絶対温度（p.154 参照）に比例する。

・圧力が一定のとき、一定量の理想気体の体積は、温度が 1℃（1K）上昇するごとに 0℃のときの体積の 1/273 ずつ増加する。

※理想気体とは、ボイル・シャルルの法則に厳密に従う仮想の気体。

## 密度と比重

・密度とは、物質の単位体積（一般に $1cm^3$）当たりの質量をいう。

・密度の単位は［$g/cm^3$］である。

・固体または液体の比重とは、物質の密度と、1 気圧、4℃における水の密度の比である（単位はない）。

※ 1 気圧、4℃における水の密度は約 $1g/cm^3$ なので、固体や液体の密度と比重の数値は同じになるが、厳密には両者の意味は異なる。

・比重が 1 よりも小さい物質は水よりも軽く、（水に溶けないものは）水に浮く。比重が 1 よりも大きい物質は水よりも重く、（水に溶けないものは）水に沈む。

## 気体の蒸気比重

・気体の比重は、蒸気比重で表される。蒸気比重は、0℃、1気圧におけるその気体の密度（体積1L当たりの重さ）と、空気の密度の比である。

・蒸気比重が1よりも小さい気体は、空気よりも軽い。

・蒸気比重が1よりも大きい気体は、空気よりも重い。

・アボガドロの法則（p.153参照）により、蒸気比重は、その気体の分子量と空気の平均分子量（約28.8）の比に等しい。

## 温度の単位（セルシウス温度と絶対温度）

・セルシウス温度（単位［℃］）は、1気圧における水の融点を0℃、沸点を100℃とし、その間を100等分したものである。

・絶対温度（単位［K］）は、セルシウス温度の値に273を加えた値で表される。温度の目盛りの間隔はセルシウス温度と同じなので、絶対温度とセルシウス温度との間には、以下の関係が成り立つ。

$$0\text{K} = -273℃ \qquad 0℃ = 273\text{K}$$

$$T\,[\text{K}] = t\,[℃] + 273 \qquad t\,[℃] = T\,[\text{K}] - 273$$

## 熱量と比熱

・ある物体の温度を1℃（1K）上げるために要する熱量を、熱容量という。

・物質1gの温度を1℃（1K）上げるために要する熱量を、比熱という。比熱は、物体1g当たりの熱容量である。

・比熱の大きい物体は、温まりにくく、冷めにくい。

・質量$m$［g］の物体の比熱を$c$［J/（g・℃）］、熱容量を$C$［J/℃］とすると、以下の式が成り立つ。

$$C = mc$$

**主な物質の比熱**

比熱の単位は［J/（g・℃）］

| 物質 | 比熱 |
|---|---|
| アルミニウム（0℃） | 0.877 |
| 鉄（0℃） | 0.437 |
| 銅（20℃） | 0.380 |
| 木材（20℃） | 約 1.25 |

| 物質 | 比熱 |
|---|---|
| 氷（－23℃） | 1.94 |
| コンクリート（室温） | 約 0.8 |
| 水（15℃） | 4.186 |
| 海水（17℃） | 3.93 |

## 熱の移動の仕方

・熱の移動の仕方には、伝導、対流、放射（輻射）の３つがある。

・伝導は、物体中の高温部から低温部へと熱が伝わっていく現象。

・流体は、一般に温度が上昇すると密度が小さくなるために上昇し、そこに温度の低い流体が流れ込む。このような流体の移動により熱が伝わる現象を、対流という。

・放射は、物体から放出される電磁波（熱放射線）により、他の物体に熱が伝わる現象である。２つの物体の中間が何もない真空であっても放射は起きる。

**熱の移動の仕方**

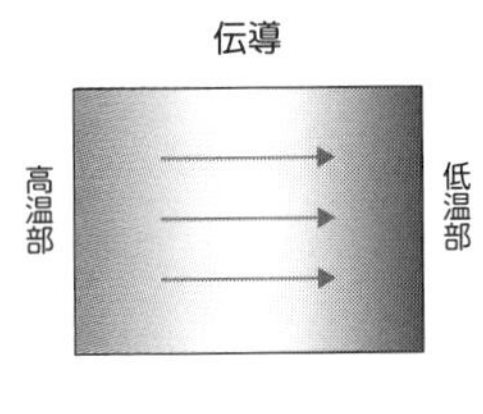


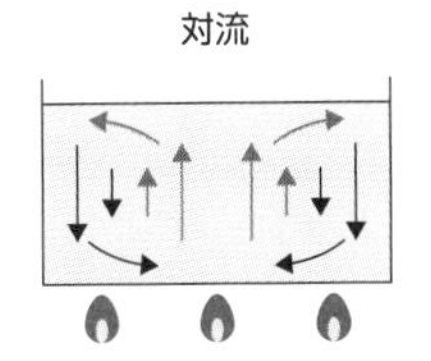


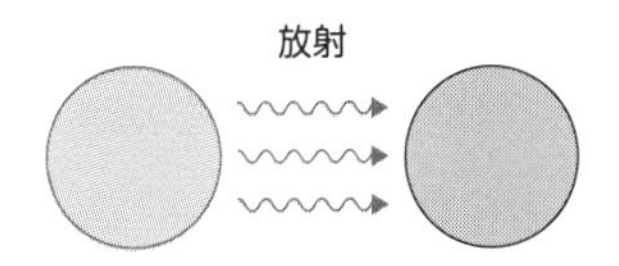

## 熱伝導率

・伝導の度合を熱伝導率という。熱伝導率が大きい物質ほど、熱を伝えやすい。
・一般に、熱伝導率の大きさは「固体＞液体＞気体」。
・金属は非金属よりも熱伝導率が大きい。
・可燃性物質では、熱伝導率が小さい物質ほど燃焼しやすい。

## 熱膨張と体膨張率

・一般に、物体は温度が高くなるほど体積が増し、密度は小さくなる。この現象を熱膨張という。
・固体の膨張の度合は、線膨張率と体膨張率で表される。
・線膨張率は、温度が1℃（1K）上がったときの物質の長さの増加量ともとの長さの比で表される。単位は［$K^{-1}$］（［1/K］）。
・体膨張率は、温度が1℃（1K）上がったときの物質の体積の増加量ともとの体積の比で表される。単位は［$K^{-1}$］（［1/K］）。
・液体と気体については、体膨張率のみが考慮される。
・気体は、液体や固体にくらべて体膨張率がきわめて大きい。
・体膨張率を$\alpha$、温度の上昇を$\Delta t$［℃］、もとの体積を$V_0$［L］、温度が上昇した後の体積を$V$［L］とすると、以下の式が成り立つ。

$$V = V_0 \times (1 + \alpha \Delta t)$$

なお、水は他の多くの物質と異なり、約4℃で体積が最小（密度が最大）になり、その温度を下回ると0℃に近づくほど体積が大きくなる。固体の氷になるとさらに体積が増し、液体のときよりも密度が小さくなる。これらは、水がもつ特殊な性質である。

## 静電気が生じるしくみ



- 電気的に絶縁された２つの異なる物質が接触し、離れるときに、一方には正（＋）の電荷が、もう一方には負（－）の電荷が帯電する。
- 物体に電荷が蓄えられている状態、または物体に蓄えられている電荷そのものを静電気という。
- 物体に静電気が蓄積されるのは、静電気が発生する速度が、静電気が漏えいする速度よりも著しく大きいときである。
- 静電気は、電気の不良導体に帯電しやすい。
- 静電気の帯電量が多くなると、条件によって放電火花を発する。その火花が点火源となり、火災が発生するおそれがある。

## 静電気による災害の防止

**静電気が生じやすい条件**

２つの異なる物質を摩擦させたとき
物質の電気抵抗や絶縁抵抗が大きいとき
湿度が低い（乾燥している）とき
管内を流れる液体の流速が速いとき
合成繊維製品は帯電しやすい

※絶縁抵抗とは、物体と大地または絶縁された物体間の電気抵抗。

**静電気の発生を抑える方法**

摩擦を少なくする
帯電しやすいものを導線により接地する
湿度を上げる（相対湿度を約 75％以上にする）
管内を流れる液体の流速を下げる
帯電防止服、帯電防止靴を着用する

## 問題

**1** 液体が固体になることを凝縮という。

**2** 0℃の氷が0℃の水になるときに放出される熱を、融解熱という。

**3** ドライアイスが徐々に小さくなる現象は、昇華である。

**4** 液体の飽和蒸気圧が外圧と等しくなるときの液温を、沸点という。

**5** 沸点は、加圧すると低くなり、減圧すると高くなる。

**6** 標準状態（0℃・1気圧）において、11.2Lのメタン（$CH_4$）に含まれる水素原子の数は$3.01 \times 10^{23}$個である。ただし、アボガドロ定数は$6.02 \times 10^{23}$とする。

**7** 空気の成分を窒素80%、酸素20%とした場合、空気の見かけの分子量（平均分子量）は28.8である。ただし、窒素原子（N）の原子量は14、酸素原子（O）の原子量は16とする。

**8** 圧力が一定のとき、一定量の理想気体の体積は、温度が1℃（1K）上昇するごとに0℃のときの体積の1/173ずつ増加する。

## 解答・解説

**1** ×

液体が固体になることを**凝固**という。

**2** ×

固体の氷が液体の水になるときは、熱が**吸収**される。その熱を融解熱という。

**3** ○

ドライアイスが徐々に小さくなるのは、固体のドライアイスが液体の状態を経ずに気体の二酸化炭素になる現象で、**昇華**である。

**4** ○

液体を一定圧力のもとで加熱し、ある温度に達すると液体の飽和蒸気圧が外圧と等しくなり、液体の表面だけでなく内部からも激しく蒸発が起こる。この現象を**沸騰**といい、沸騰が起きる温度を**沸点**という。

**5** ×

外圧が高くなると沸点は**高く**なり、外圧が低くなると沸点は**低く**なる。

**6** ×

メタン 1mol は、標準状態で約 22.4L の体積を占め、その中に $6.02 \times 10^{23}$ 個の分子を含む。メタンの分子には水素原子が 4 個あるので、問題文の水素原子の数は $(11.2 / 22.4) \times (6.02 \times 10^{23}) \times 4 = \mathbf{12.04 \times 10^{23}}$ となる。

**7** ○

問題文によると、空気中には窒素分子（$N_2$）が 80%、酸素分子（$O_2$）が 20%含まれるので、空気の見かけの分子量は、$14 \times 2 \times 0.8 + 16 \times 2 \times 0.2 = \mathbf{28.8}$ となる。

**8** ×

圧力が一定のとき、一定量の理想気体の体積は、温度が 1℃（1K）上昇するごとに 0℃のときの体積の **1/273** ずつ増加する。

## 問題

**9** 比重が 1 よりも小さい物質は水よりも軽く、水に溶けないものは水に浮く。

**10** 蒸気比重が 1 よりも大きい気体は、空気よりも軽い。

**11** 気体の蒸気比重は、分子量から求めることもできる。

**12** 比熱とは、物質 1g が液体から気体に変化するときに必要な熱量である。

**13** ある物質の質量を $m$、比熱を $c$、熱容量を $C$ とすると、$C = c/m$ という式が成立する。

**14** 比熱が 2.0J/（g・℃）である 0℃の液体 100g に 15kJ の熱量を加えたところ、液体の温度が 30℃に上がった。

**15** 比熱が 2.5J/（g・℃）である液体 100g の温度を 10℃から 40℃に上げるために必要な熱量は、10kJ である。

**16** 80℃の鉄の塊 500g を 20℃の水に入れたところ、全体の温度が 25℃になった。鉄の比熱を 0.44J/（g・℃）とし、鉄と水以外への熱の移動はないものとすると、鉄から流れ出た熱量は1.21kJである。

## 解答・解説

**9** ○

比重は物質の密度と水の密度の比であるから、比重が 1 よりも**小さい**物質は水よりも軽く、（水に溶けないものは）水に浮く。

**10** ×

蒸気比重が 1 よりも大きい気体は、空気よりも**重い**ので、低所に滞留しやすい。

**11** ○

蒸気比重は、0℃、1 気圧におけるその気体の密度と、空気の密度の比であるが、その気体の**分子量**と空気の平均分子量の比としても求められる。

**12** ×

比熱とは、物質 1g の**温度**を 1℃（1K）上げるために必要な熱量である。問題文の説明に当てはまるのは、**蒸発熱**である（**気化熱**ともいう）。

**13** ×

質量を $m$、比熱を $c$、熱容量を $C$ としたときに成立する式は、$C = mc$ である。

**14** ×

比熱が 2.0J/(g･℃) である液体 100g の温度を 1℃上げるために必要な熱量は、2.0［J/（g・℃)］× 100［g］= 200［J/℃］= 0.2［kJ/℃］。15kJ の熱量が加えられるので、0℃からの温度上昇は 15 [kJ] /0.2 [kJ/℃] = **75** [℃] となる。

**15** ×

比熱が 2.5J/(g･℃)である液体 100g の温度を 1℃上げるために必要な熱量は、2.5［J/（g・℃)］× 100［g］= 250［J/℃］= 0.25［kJ/℃］。温度を 30℃上げたいので、必要な熱量は 0.25［kJ/℃］× 30［℃］= **7.5**［kJ］となる。

**16** ×

比熱が 0.44J/（g・℃）である鉄の塊 500g の温度を 1℃下げるときに鉄から流れ出る熱量は、0.44［J/（g･℃)］× 500［g］= 220［J/℃］= 0.22［kJ/℃］。鉄の温度が 55℃下がっているので、0.22 [kJ/℃] × 55 [℃] = **12.1** [kJ] が正解。

## 問題

**17** 直射日光を浴びると身体が温まるのは、熱の伝わり方のうち、伝導による現象である。

**18** 寒い日に金属製の手すりに触れると手が冷たくなるのは、熱の伝わり方のうち、伝導による現象である。

**19** 対流は、固体と液体に起きる現象である。

**20** 鉄は、木材よりも熱伝導率が大きい。

**21** 可燃性物質では、熱伝導率が大きい物質ほど燃焼しやすい。

**22** 空気は、水よりも体膨張率が大きい。

**23** 水は、約 4℃で密度が最小になる。

**24** ガソリンの体膨張率を $1.35 \times 10^{-3}K^{-1}$ とすると、ガソリン 200L の液温が 20℃から 35℃に上昇したとき、ガソリンの体積は 0.27L 増加する。

## 解答・解説

17

直射日光を浴びると身体が温まるのは、熱の**放射**による現象である。

18 ○

直接触れている手から手すりへと熱が伝わるので、**伝導**による現象である。

19

対流は、液体と**気体**に起きる現象である。

20 ○

金属は非金属よりも熱伝導率が**大きい**。

21 ×

可燃性物質では、熱伝導率が**小さい**物質ほど燃焼しやすい。熱伝導率が小さい物質は、熱せられた部分から他の部分に熱が伝わりにくい（熱が逃げにくい）ためである。

22 ○

気体は、液体や固体にくらべて体膨張率がきわめて**大きい**。

23 ×

一般に、物体は温度が低くなるほど体積が減少し、密度が大きくなるが、水は、約 4℃で体積が最小（密度が**最大**）になる。

24 ×

ガソリンの体積の増加量は、以下の式で求められる。

$200 \times (1.35 \times 10^{-3}) \times (35 - 20) = \mathbf{4.05}$ [L]

したがって、問題文の条件において、ガソリンの体積は **4.05L** 増加する。

## 問題

**25** 物体に帯電した静電気は、すべて物体に蓄積される。

**26** 静電気が蓄積されているだけでは、火災の原因にはならない。

**27** 静電気は、電気の良導体に帯電しやすい。

**28** ガソリンがホースの中を流れるとき、流速が速いほど静電気が発生しやすい。

**29** 人体への静電気の蓄積を防ぐには、絶縁性の高い衣服を着用するとよい。

**30** 一般に、綿製品は合成繊維製品よりも帯電しやすい。

**31** 静電気の蓄積を防ぐには、帯電しやすいものを接地する方法が有効である。

**32** 静電気の蓄積を防ぐには、湿度を下げる方法が有効である。

## 解答・解説

**25** ×

物体に帯電した静電気は、すべて物体に蓄積されるわけではなく、その一部は**漏えい**する。静電気が発生する速度が、静電気が漏えいする速度よりも著しく大きいときに、物体に静電気が蓄積される。

**26** ○

静電気が蓄積されているだけでは、火災の原因にはならない。静電気の帯電量が多くなると、条件によって**放電火花**を発し、その火花が点火源となって火災が発生するおそれがある。

**27** ×

静電気は、電気の**不良導体**に帯電しやすい。

**28** ○

管内を流れる液体の流速が**速い**ときほど、静電気が発生しやすい。

**29** ×

静電気は、物質の**絶縁抵抗**が大きいときに蓄積しやすいので、人体への帯電を防ぐには、絶縁性が**低い**帯電防止服や帯電防止靴を着用する。

**30** ×

一般に、綿製品よりも**合成繊維**製品のほうが帯電しやすい。

**31** ○

静電気の蓄積を防ぐには、帯電しやすいものを導線により**接地**する方法が有効である。

**32** ×

静電気は湿度が**低い**ほど帯電しやすいので、静電気の蓄積を防ぐには、湿度を**上げる**方法が有効である。

# Lesson 02 基礎的な化学①<物質の種類・変化／酸と塩基／酸化と還元>

## 物質の種類

・純物質とは、他の物質が混ざっていない、単一の成分からなる物質をいう。

・混合物とは、2種類以上の純物質が混合したものをいう。

・空気は、窒素、酸素、アルゴン、二酸化炭素などの純物質が混ざった混合物である。

・純物質には、単体と化合物がある。

・単体は、1種類の元素からなる純物質である。

・化合物は、2種類以上の元素が化合してできた純物質である。

※化合とは、2種類以上の元素（または2種類以上の純物質）が化学反応により結合し、まったく性質の異なる別の物質（化合物）になることをいう。

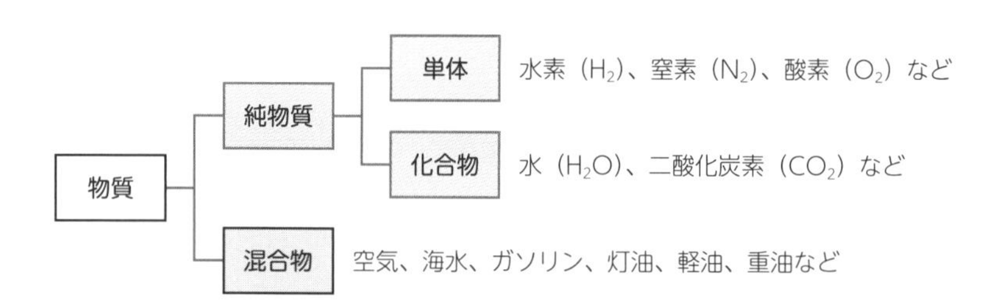


・純物質（単体・化合物）は、1つの化学式で表せる。

・混合物は、1つの化学式で表すことができない。

## 同素体と異性体



**同素体**：同じ元素からなる単体でありながら、原子の配列や結合の仕方が違うために、異なる性質を示す物質が２種類以上あるときに、それらの物質を、たがいに同素体であるという。

< 同素体の例 >

・酸素（$O_2$）とオゾン（$O_3$）⇒どちらも酸素原子（O）からなる単体

・ダイヤモンド（C）と黒鉛（C）⇒どちらも炭素原子（C）からなる単体

・黄リン（P）と赤リン（P）⇒どちらもリン原子（P）からなる単体

**異性体**：分子式は同じだが、分子内の構造などが違うために、異なる性質を示す化合物が２種類以上あるときに、それらの化合物を、たがいに異性体であるという。

< 異性体の例 >

・エタノールとジメチルエーテル⇒どちらも分子式 $C_2H_6O$ の化合物

## 物理変化と化学変化

**物理変化**：ある物質が、別の物質に変わるのでなく、単に形や状態だけが変化すること。

< 物理変化の例 >

・固体の氷が融解して液体の水になる（物質の状態変化⇒ p.152 参照）。

・ニクロム線に電流を流すと赤くなる。

・ばねが伸びる。

**化学変化**：ある物質が、分解または化合により、性質の異なる他の物質に変わること（燃焼、中和、酸化、還元などは化学変化）。

< 化学変化の例 >

・水素と酸素が結合して水になる。⇒ $2H_2 + O_2 \rightarrow 2H_2O$

## 酸と塩基の定義

**酸の定義①**：水に溶けると電離して水素イオン$H^+$（またはオキソニウムイオン$H_3O^+$）を生じる物質
**酸の定義②**：他の物質に水素イオン$H^+$を与えることができる物質

⇒このような性質を、酸性という。

<酸の例>

塩酸（HCl）　$HCl + H_2O \rightarrow H_3O^+ + Cl^-$　……A

**塩基の定義①**：水に溶けると電離して水酸化物イオン$OH^-$を生じる物質
**塩基の定義②**：他の物質から水素イオン$H^+$を受け取ることができる物質

⇒このような性質を、塩基性（またはアルカリ性）という。

<塩基の例>

アンモニア（$NH_3$）　$NH_3 + H_2O \rightarrow NH_4^+ + OH^-$　……B

・水（$H_2O$）は、塩酸との反応（A）では塩酸に水素イオンを与え、アンモニアとの反応（B）ではアンモニアから水素イオンを受け取っている。つまり、酸の定義②及び塩基の定義②によると、水は、塩酸に対しては塩基として働き、アンモニアに対しては酸として働いている（酸の定義①及び塩基の定義①によると、水は酸、塩基のどちらでもない）。

・酸は、青色のリトマス試験紙を赤色にする。

・塩基は、赤色のリトマス試験紙を青色にする。

## pH（水素イオン指数）

水溶液の酸性、塩基性の強弱の度合を表すために、水素イオン指数が用いられる。水素イオン指数は、記号 pH（ピーエイチまたはペーハーと読む）と 0 ～ 14 の数値で表される。

| |
|---|
| pH < 7 ⇒酸性（数値が小さいほど酸性が強い）<br>pH ＝ 7 ⇒中性<br>pH > 7 ⇒塩基性（数値が大きいほど塩基性が強い） |

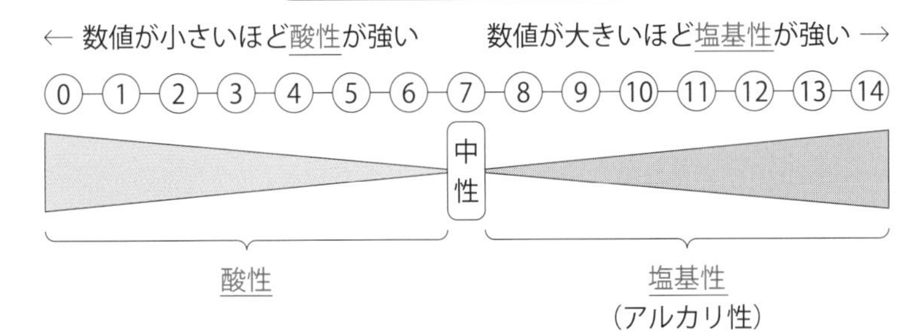


## 酸と塩基の中和反応

酸と塩基が反応すると、水素イオン $H^+$ が酸から塩基に移り、互いの性質が打ち消される。このような反応を中和反応、もしくは単に中和という。酸から生じる $H^+$ と、塩基から生じる $OH^-$ の物質量が等しいとき、酸と塩基はちょうど中和される。酸と塩基の中和反応では、塩（えん）と水（$H_2O$）が生じる（塩は中和反応により水とともに生じる化合物の総称）。

## 酸化と還元の定義

**酸化の定義①**：物質が酸素と化合すること
**酸化の定義②**：物質が水素を失うこと
**酸化の定義③**：物質が電子を失うこと

**還元の定義①**：物質が酸素を失うこと
**還元の定義②**：物質が水素と化合すること
**還元の定義③**：物質が電子を受け取ること

⇒酸化と還元は、常に同時に起きる。その反応を、酸化還元反応という。

**酸化還元反応の例**

$CuO + H_2 \rightarrow Cu + H_2O$

・酸化銅（CuO）は、酸素を失って還元され、単体の銅（Cu）になった。
・水素（$H_2$）は、酸素と化合して酸化され、水（$H_2O$）になった。

$H_2S + Cl_2 \rightarrow 2HCl + S$

・硫化水素（$H_2S$）は、水素を失って酸化され、硫黄（S）になった。
・塩素（$Cl_2$）は、水素と化合して還元され、塩酸（HCl）になった。

⇒酸素と化合した（水素を失った・電子を失った）側の物質は「酸化した」のではなく「酸化された」と表現することに注意する。

・鉄がさびるのは酸化反応である。

⇒鉄のさびは、金属の鉄（Fe）が酸素と化合してできた化合物（赤さびの主成分は酸化鉄（III）（$Fe_2O_3$））である。

・物が燃えるのは酸化反応である。⇒ p.186 の燃焼の定義を参照。



## 酸化剤と還元剤

・反応する相手の物質を酸化し、自らは還元される物質を酸化剤という。
・反応する相手の物質を還元し、自らは酸化される物質を還元剤という。

⇒酸化剤、還元剤について述べるときは、受身形ではなく、「酸化する」「還元する」という表現が用いられることが多い。

**一般に酸化剤になりやすい物質**

酸素（$O_2$）　過酸化水素（$H_2O_2$）　塩素酸カリウム（$KClO_3$）
硝酸（$HNO_3$）

・酸化剤になりやすいとは、還元されやすい性質のことである。
・過酸化水素（$H_2O_2$）は、過マンガン酸カリウム（$KMnO_4$）のような強い酸化剤に対しては還元剤として作用する。このように、反応する相手によって酸化剤にも還元剤にもなる物質もある。

**一般に還元剤になりやすい物質**

水素（$H_2$）　一酸化炭素（CO）　ナトリウム（Na）　カリウム（K）

・還元剤になりやすいとは、酸化されやすい性質のことである。

## 問題

**1** 空気は、窒素と酸素の化合物である。

**2** 食塩（NaCl）は化合物である。

**3** 水は単体である。

**4** 黄リンと赤リンは同素体なので、化学的性質も同じである。

**5** 鉄の赤さび（$Fe_2O_3$）と黒さび（$Fe_3O_4$）は同素体である。

**6** 木炭が燃えて灰になるのは、物理変化である。

**7** ドライアイスが昇華して気体の二酸化炭素になるのは、物理変化である。

**8** 鉛を加熱すると溶けるのは、化学変化である。

## 解答・解説

**1** ×

空気は、窒素と酸素を主成分とする**混合物**である。

**2** ○

食塩（NaCl）は、ナトリウム（Na）と塩素（Cl）の**化合物**である。

**3** ×

水（$H_2O$）は、水素原子（H）2 個と酸素原子（O）1 個からなる**化合物**である。

**4** ×

同じ元素からなる単体でありながら、原子の配列や結合の仕方が違うために**異なる性質**を示す物質どうしを、たがいに同素体であるという。

**5** ×

鉄の赤さび（$Fe_2O_3$）と黒さび（$Fe_3O_4$）は、異なる化学式で表されていることからもわかるように、化学組成の異なる化合物であり、**同素体**ではない。

**6** ×

木炭が燃えて灰になるのは燃焼（酸化反応）であり、**化学変化**である。

**7** ○

物質の状態変化（融解・蒸発・凝縮・凝固・**昇華**）は、物質自体が他の物質に変わるわけではないので、**物理変化**である。

**8** ×

鉛を加熱すると溶けるのは、**物理変化**である。固体の鉛が熱せられて液体になっただけで、鉛以外の物質に変化したわけではないからである。

## 問題

**9** 酸とは、他の物質から水素イオンを受け取ることができる物質である。

**10** 水に溶けると電離して水酸化物イオンを生じる性質を、酸性という。

**11** 塩酸は酸なので、pH は 7 よりも大きい。

**12** pH2.0 の酸は、pH6.0 の酸よりも強い酸性を示す。

**13** 塩基は、青色のリトマス試験紙を赤色にする。

**14** 水は、塩酸に対しては塩基として働き、アンモニアに対しては酸として働く。

**15** 中和とは、酸と塩基が反応して、塩(えん)と水が生じる反応である。

**16** 酸である塩酸と、塩基である水酸化ナトリウムが反応すると、塩化ナトリウムと水が生じる。このような反応を、酸化反応という。

## 解答・解説

酸とは、他の物質に水素イオン $H^+$ を**与える**ことができる物質である。

10 ×

水に溶けると電離して水酸化物イオン $OH^-$ を生じる性質を、**塩基性**という。酸性の物質は、水に溶けると電離して**水素イオン $H^+$** を生じる。

11

塩酸は酸なので、pH は7よりも**小さい**。

12 ○

pH が7よりも小さい物質は酸性で、数値が**小さい**ほど酸性が強い。

13

酸は**青色**のリトマス試験紙を**赤色**にし、塩基は**赤色**のリトマス試験紙を**青色**にする。

14 ○

酸は他の物質に水素イオン $H^+$ を与え、塩基は他の物質から水素イオン $H^+$ を受け取るという定義によると、水は、塩酸に対しては**塩基**として働き、アンモニアに対しては**酸**として働く。

15 ○

中和とは、酸と塩基が反応して、**塩**（えん）と**水**が生じる反応である。

16 ×

酸である塩酸と、塩基である水酸化ナトリウムが反応して、塩化ナトリウムと水が生じるのは、**中和反応**である（単に**中和**ともいう）。

## 問題

**17** 物質が酸素と化合する反応を、酸化という。

**18** 物質が水素と化合する反応を、酸化という。

**19** 酸化と還元が同時に起きることはない。

**20** 硫黄が空気中で燃える現象は、酸化である。

**21** 黄リンを一定条件のもとで加熱すると赤リンになる現象は、酸化である。

**22** 反応する相手の物質を酸化し、自らは還元される物質を、還元剤という。

**23** 酸化剤は、他の物質から酸素を奪う性質をもつ。

**24** 反応する相手によって、酸化剤にも還元剤にもなる物質がある。

**17** ○

物質が酸素と化合する反応は、**酸化**である。

**18** ×

物質が水素と化合する反応は、**還元**である。物質が水素を失う反応が**酸化**である。

**19** ×

酸化と還元は、常に**同時**に起きる。その反応を、酸化還元反応という。

**20** ○

燃焼は、光と熱の発生を伴う**酸化**反応である。

**21** ×

黄リン（P）と赤リン（P）は、同じ元素からなる単体、すなわち**同素体**である（p.167 参照）。したがって、黄リンを一定条件のもとで加熱すると赤リンになる現象は、酸化、還元の定義のいずれにも当てはまらない。

**22** ×

反応する相手の物質を酸化し、自らは還元される物質は、**酸化剤**である。

**23** ×

酸化剤は、反応する相手の物質を酸化し、自らは還元される物質であるから、自らは酸素を**失い**、他の物質に酸素を**与える**性質をもつ。

**24** ○

反応する相手によって酸化剤にも還元剤にもなる物質がある。過酸化水素（$H_2O_2$）は、**酸化剤**になりやすい物質だが、過マンガン酸カリウム（$KMnO_4$）のような強い酸化剤に対しては**還元剤**として作用する。

# Lesson 03 基礎的な化学② <金属／有機化合物>

## 金属の特徴

・元素は、金属元素と非金属元素に大別される。
・金属元素の単体は、下記のような特徴をもつ。

①常温で固体である（水銀は例外）。
②一般に融点が高い。
③金属光沢がある。
④比重が大きい（例外として、リチウム、カリウム、ナトリウムのように比重が１より小さいものもある）。
⑤熱や電気の導体である。
⑥展性、延性に富む。

・金属のうち、比重が４以下のものを軽金属、４よりも大きいものを重金属という。軽金属には、アルミニウム、マグネシウム、カルシウムなどがある。
・金属も燃焼することがある。とくに、金属を粉状にしたものは、酸化表面積が増大し、熱伝導率が小さくなることなどから燃えやすくなる。
・アルカリ金属やアルカリ土類金属の塩類を炎の中で熱すると、それぞれの元素に固有の色を発する（下表参照）。これを炎色反応という。

| Li リチウム | Na ナトリウム | K カリウム | Rb ルビジウム | Cs セシウム | Ca カルシウム | Sr ストロンチウム | Ba バリウム |
|---|---|---|---|---|---|---|---|
| 赤 | 黄 | 赤紫 | 赤 | 青紫 | 橙赤 | 紅 | 黄緑 |

・鋼製のタンクや配管の腐食が進みやすいのは、酸素が含まれる水中、酸性の土中、土質が異なる場所にまたがって埋設されるとき、土壌中とコンクリート中にまたがって埋設されるとき、異種金属が接触している場所、直流電気鉄道の軌条に近い場所などである。

## 金属のイオン化傾向

・金属元素は、一般に陽イオン（＋）になりやすい。
・単体中の金属原子が水または水溶液中で電子を放出し、陽イオンになろうとする傾向を、金属のイオン化傾向という。
・金属をイオン化傾向の大きい順に並べたものを、金属のイオン化列という（下図参照）。

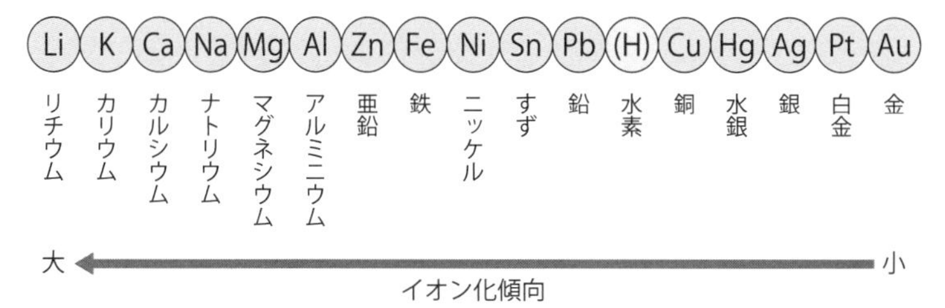


※水素は金属ではないが、陽イオンになりやすい性質をもつので
イオン化列に加えられている。

・亜鉛や鉄など、水素よりもイオン化傾向が大きい金属は、塩酸、希硫酸などの酸に、水素を発生しながら溶ける。
・銅や銀など、水素よりもイオン化傾向が小さい金属は、塩酸、希硫酸には溶けないが、硝酸のような酸化力の強い酸には溶ける。
・白金、金は、希硝酸にも濃硝酸にも溶けないが、王水（濃硝酸と濃塩酸の１：３の溶液）に溶ける。

## 有機化合物の定義

有機化合物とは、炭素（C）を含む化合物の総称である。ただし、下記のものは、慣習上、無機化合物として扱われる。

**炭素を含む化合物で、有機化合物として扱われないもの**
二酸化炭素（$CO_2$）　一酸化炭素（CO）
炭酸塩（炭酸（$H_2CO_3$）の水素原子が金属に置き換わった塩の総称）
シアン化水素（HCN）　二硫化炭素（$CS_2$）　四塩化炭素（$CCl_4$）

## 有機化合物の特徴

・主な成分元素は、炭素（C）、水素（H）、酸素（O）、窒素（N）。
・一般に可燃性である。
・一般に空気中で燃焼すると、二酸化炭素（$CO_2$）と水（$H_2O$）を生じる。
・一般に水に溶けにくく、アルコール、アセトン、ジエチルエーテルなどの有機溶媒によく溶ける。
・一般に融点、沸点が低い。
・炭素（C）と水素（H）のみからなる有機化合物を、炭化水素という（石油は炭化水素を主成分とする混合物である）。
・芳香族炭化水素は、一般に無色の液体または結晶で、特有の臭いをもち、空気中で燃やすと多量のすすを発生する。

## 有機化合物の分類

・有機化合物は、分子の構造により、鎖式化合物（脂肪族化合物）と環式化合物に分類される。
・環式化合物のうち、分子内にベンゼン環（6個の炭素原子からなる正六角形の構造）をもつものを、芳香族化合物という。

・芳香族化合物以外の環式化合物を、脂環式化合物という。

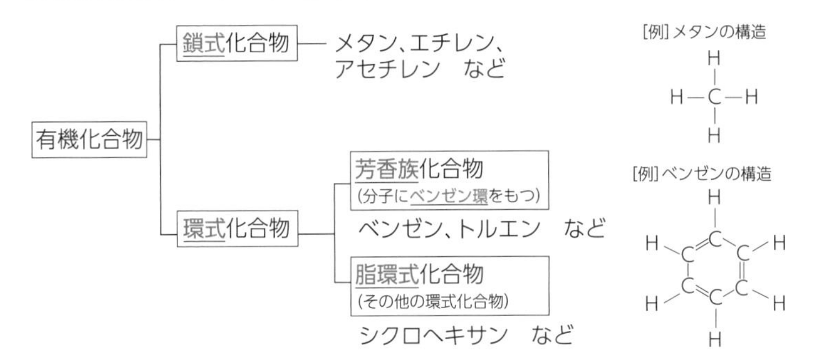


・分子内の炭素原子間の結合がすべて単結合である有機化合物を、飽和化合物という。

・分子内の炭素原子間の結合に二重結合や三重結合を含む有機化合物を、不飽和化合物という。

・炭化水素に特定の基（原子団）が結合すると、その基に特有の化学的性質をもつ化合物ができる。そのような基を、官能基という。

| 官能基 | 同族体 | 代表的な化合物 |
|---|---|---|
| ヒドロキシ基（水酸基） | アルコール類 | エタノール |
| | フェノール類 | フェノール |
| ホルミル基（アルデヒド基） | アルデヒド | アセトアルデヒド |
| ケトン基 | ケトン | アセトン |
| カルボキシ基 | カルボン酸 | 酢酸 |
| ニトロ基 | ニトロ化合物 | ニトロベンゼン |
| アミノ基 | アミン | アニリン |

エタノール等の第一級アルコールは、酸化するとアルデヒドになり、アルデヒドがさらに酸化するとカルボン酸になる。

※第一級アルコールとは、ヒドロキシ基に結合している炭素原子に、他の炭素原子が０個または１個結合しているものをいう。

## 問題

**1** 金属の中には、水よりも軽いものがある。

**2** 金属は燃焼しない。

**3** 金属のうち、比重が 4 以下のものを軽金属という。

**4** カリウムは、炎色反応で黄色を示す。

**5** 鋼製の配管を埋設する場合、土壌中とコンクリート中にまたがって埋設すると腐食しにくい。

**6** 金属元素は一般に陽イオンになりやすいが、そのなりやすさは金属の種類によって異なる。

**7** 亜鉛は、鉄よりもイオン化傾向が小さい。

**8** 希硝酸は、すべての金属を溶かす。

## 解答・解説

**1** ○

金属は一般に比重が大きいが、例外として、リチウム、カリウム、ナトリウムのように比重が１より小さい（すなわち水よりも軽い）ものもある。

**2** ×

金属も燃焼することがある。とくに、金属を粉状にしたものは、酸化表面積が増大し、熱伝導率が小さくなることなどから燃えやすくなる。

**3** ○

金属のうち､比重が４以下のものを軽金属という。軽金属には､アルミニウム､マグネシウム、カルシウムなどがある。

**4** ×

カリウムは、炎色反応で赤紫色を示す。炎色反応で黄色を示す金属には、ナトリウムがある。

**5** ×

鋼製の配管を土壌中とコンクリート中にまたがって埋設すると、腐食しやすい。

**6** ○

単体中の金属原子が水または水溶液中で電子を放出し、陽イオンになろうとする傾向を、金属のイオン化傾向という。イオン化傾向は金属の種類によって異なる。

**7** ×

亜鉛は、鉄よりもイオン化傾向が大きい。

**8** ×

白金、金は、希硝酸にも濃硝酸にも溶けないが、王水（濃硝酸と濃塩酸の１：３の溶液）に溶ける。

## 問題

**9** 有機化合物は、一般に水によく溶ける。

**10** 有機化合物は、一般に不燃性である。

**11** 有機化合物は、一般に融点が低い。

**12** 有機化合物は、鎖式化合物と環式化合物に分類される。

**13** 炭素と水素のみからなる有機化合物を、炭化水素という。

**14** エタノールは、カルボキシ基をもつ有機化合物である。

**15** アルデヒドは、ケトン基をもつ有機化合物の総称である。

**16** エタノール等の第一級アルコールは、酸化するとカルボン酸になり、さらに酸化するとアルデヒドになる。

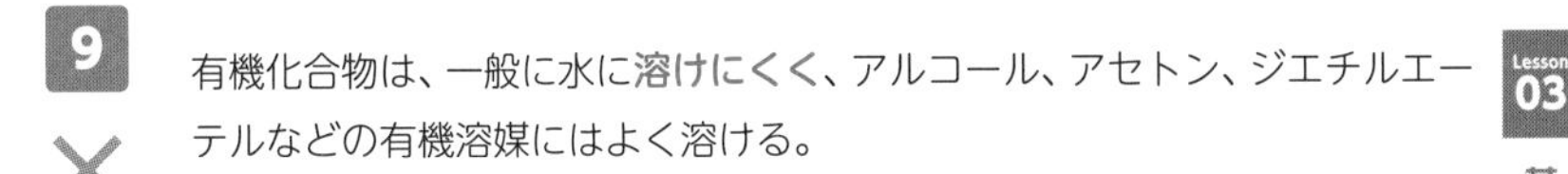




**9** ×

有機化合物は、一般に水に溶けにくく、アルコール、アセトン、ジエチルエーテルなどの有機溶媒にはよく溶ける。

**10** ×

有機化合物は、一般に可燃性である。一般に空気中で燃焼すると、二酸化炭素（$CO_2$）と水（$H_2O$）を生じる。

**11** ○

有機化合物は、一般に無機化合物に比べて、融点、沸点が低い。

**12** ○

有機化合物は、分子の構造により、鎖式化合物（脂肪族化合物）と環式化合物に分類される。

**13** ○

炭素（C）と水素（H）のみからなる有機化合物を、炭化水素という。石油は炭化水素を主成分とする混合物である。

**14** ×

エタノールは、ヒドロキシ基（水酸基）を含む有機化合物である。

**15** ×

アルデヒドは、ホルミル基（アルデヒド基）をもつ有機化合物の総称である。主な化合物にアセトアルデヒドがある。

**16** ×

エタノール等の第一級アルコールは、酸化するとアルデヒドになり、アルデヒドがさらに酸化するとカルボン酸になる。

# Lesson 04 燃焼理論

## 燃焼の定義

物質が酸素と化合することを酸化といい、酸化反応により生成された化合物を酸化物という。物質によっては、酸化反応が急激に進行し、著しい発熱と発光を伴うことがある。このように、光と熱の発生を伴う酸化反応を、燃焼という。

## 燃焼の原理

燃焼が起きるためには、以下の条件が同時に揃わなければならない。

①可燃性物質（可燃物）

②酸素供給体

③熱源（点火源）

これらを、**燃焼の三要素**という。

燃焼の三要素に「**燃焼の継続**」を加えて、燃焼の四要素とすることもある。燃焼の継続とは、分子が次々に活性化され、酸化反応が連続して起きることをいう。

**燃焼の三要素**

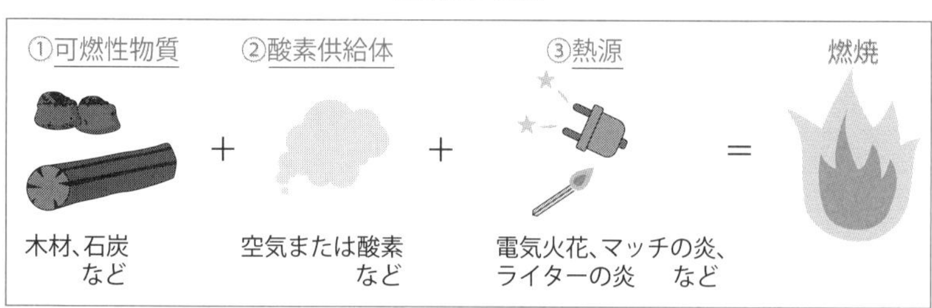

・空気中には約21％の酸素が含まれているので、空気は燃焼に必要な酸素供給体となる。
・空気のほかに、化合物に含まれる酸素が酸素供給体になることがある。第１類や第６類の危険物がこれに該当する。
・可燃物がそれ自体で酸素供給体になり、他からの酸素の供給がなくても燃焼するものもある。第５類の危険物の多くがこれに該当する。



## 完全燃焼と不完全燃焼

・有機化合物が完全燃焼すると、二酸化炭素（$CO_2$）と水（$H_2O$）を生じる。二酸化炭素はきわめて安定した酸化物なので、それ以上は酸化されない。すなわち、二酸化炭素は不燃性の気体である。
・酸素が十分に供給されない場合、有機化合物の燃焼は不完全燃焼となり、二酸化炭素（$CO_2$）と水（$H_2O$）のほかに一酸化炭素（CO）が生じる。さらに酸素が供給されると、一酸化炭素は酸素と化合して二酸化炭素になる。すなわち、一酸化炭素は可燃性の気体である。

## 熱化学方程式

・熱化学方程式は、化学反応式に反応熱の出入量を加えて、両辺を等号で結んだものである。
・熱化学方程式において、係数は物質量（単位：[mol]）を表す。
・熱化学方程式では、原則として物質の状態を、（気）、（液）、（固）のように付記する。

**例**：炭素1molが空気中で完全燃焼した場合の熱化学方程式
C（固）＋ $O_2$（気）＝ $CO_2$（気）＋394kJ
⇒反応熱が＋なので、発熱反応である。

## 気体の燃焼

・気体が燃焼するには、可燃性の気体と、酸素供給体である空気とが、一定の範囲の割合で混合していなければならない。その濃度範囲を、燃焼範囲という。

・可燃性ガスの濃度が燃焼範囲より薄いときも、燃焼範囲より濃いときも、気体は燃焼しない。

燃焼しない

可燃性の気体の濃度が薄すぎると燃焼しない。

燃焼する

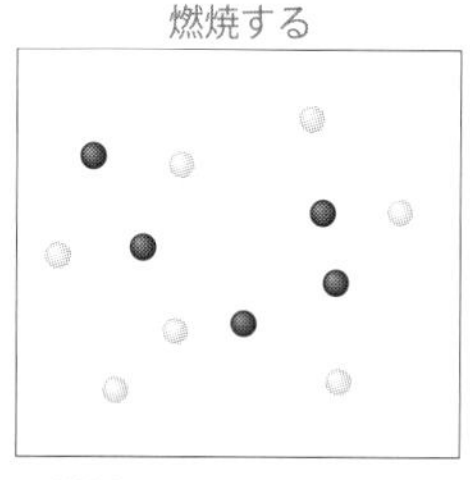

可燃性の気体と空気との割合が一定の範囲内のときは、点火源があれば燃焼する。

燃焼しない

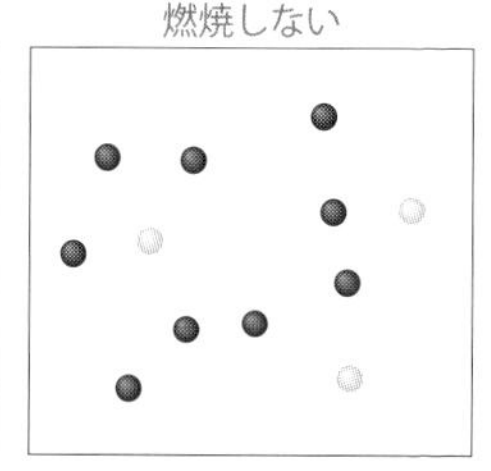

可燃性の気体の濃度が濃すぎても、燃焼は起こらない。

気体を燃焼させるには、可燃性ガスと空気を燃焼範囲内の濃度で混合させる必要がある。その方式には、以下の2通りがある。

**予混合燃焼**：可燃性ガスと空気をあらかじめ混合させてから燃焼させる。
**拡散燃焼**：可燃性ガスと空気を混合しながら燃焼させる。

## 液体の燃焼

可燃性の液体は、液体のまま燃焼するのではなく、液面から蒸発した可燃性ガスが空気と混合して燃焼する（すなわち、実際は気体の燃焼である）。このような可燃性の液体の燃焼の仕方を、蒸発燃焼という。

## 固体の燃焼

| 種類 | 内容 | 例 |
|---|---|---|
| 表面燃焼 | 可燃性固体が、その表面で熱分解を起こさず、蒸発もせずに、高温を保ちながら酸素と反応して燃焼する | 木炭<br>コークス<br>金属粉 |
| 分解燃焼 | 可燃性固体が加熱により分解し、その際に発生する可燃性ガスが燃焼する | 木材<br>石炭<br>プラスチック |
| 自己燃焼（内部燃焼） | 分解燃焼のうち、物質中に比較的多くの酸素を含有するものの燃焼（可燃物が自ら酸素供給体となる） | ニトロセルロース<br>セルロイド |
| 蒸発燃焼 | 可燃性固体が加熱により熱分解を起こさずに蒸発し、その蒸気が燃焼する（液体の蒸発燃焼と同じしくみ） | 硫黄<br>ナフタレン |

## 燃焼の難易（燃焼しやすい条件）

・酸化されやすい
・酸素との接触面積が大きい
・発熱量（燃焼熱）が大きい
・熱伝導率が小さい
・含有水分が少ない（乾燥している）
・周囲の温度が高い

## 引火点

可燃性の液体の表面には、蒸発により液体から生じた蒸気と空気の混合気が存在する。液体を加熱すると、液温が上昇するにつれて蒸気の濃度が上がり、やがて、液面付近の蒸気の濃度が燃焼範囲の下限値（燃焼下限値）に達する。そのときの液温を、引火点という。

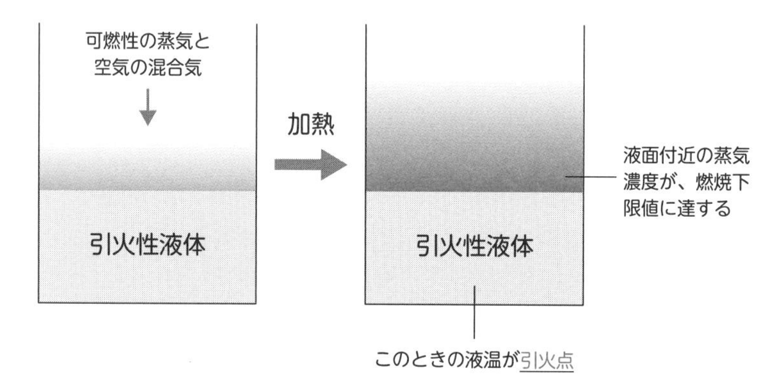


・可燃性液体の液温が引火点よりも高いときは、点火源があれば引火し、燃焼する。

・可燃性液体は、引火点が低いものほど燃焼する危険性が高く、取扱いに注意を要する。

## 燃焼点

・可燃性液体の液温が引火点ちょうどのときは、点火源があると着火するが、点火源を除くと燃焼はすぐに止む。

・可燃性液体が点火源により着火したのちに、点火源を除いても５秒間以上の燃焼が継続するために必要な最低の液温を、燃焼点という。

・一般に、同じ物質では、燃焼点は引火点よりも高い。

## 発火点

・空気中で可燃性物質を加熱したときに、点火源がなくとも発火し燃焼する最低の温度を、発火点という。
・引火点の測定対象は、液体及び固体の可燃物に限られるが、発火点は固体、液体、気体のいずれについても測定可能である。

## 燃焼範囲の表し方と計算方法

燃焼範囲は、一般に、可燃性蒸気と空気との混合気に占める、常温・常圧で測定した可燃性蒸気の容量％（vol％）で表す。

$$\textbf{燃焼範囲} = \frac{\text{可燃性蒸気の体積}}{\text{混合気の体積}} = \frac{\text{可燃性蒸気の体積}}{\text{可燃性蒸気の体積} + \text{空気の体積}}$$

**例**：ガソリンの燃焼範囲は、1.4 ～ 7.6vol％である。

○ガソリンの蒸気 1.4L と空気 98.6L の混合気は、点火すると燃焼する。

×ガソリンの蒸気 1.4L と空気 100L の混合気は、点火すると燃焼する。

$\Rightarrow \dfrac{1.4}{1.4 + 100} \fallingdotseq 1.38$[vol％]なので、燃焼下限値に達していない。

## 問題

**1** 燃焼とは、光と熱の発生を伴う急激な酸化反応である。

**2** 燃焼に必要な三要素のうち、酸素供給体になるのは空気である。したがって、いかなる可燃物も空気がなければ燃焼しない。

**3** 可燃物を空気中で燃焼させると、より安定な酸化物になる。

**4** 有機化合物が完全燃焼したときは、一酸化炭素は発生しない。

**5** 一酸化炭素は不燃性の気体である。

**6** 静電気の放電による火花は、点火源になることはない。

**7** 蒸発熱や融解熱は、点火源になることがある。

**8** 炭素の原子量を 12、酸素の原子量を 16 とすると、炭素 1mol が空気中で完全燃焼した場合、二酸化炭素 28g が生成する。

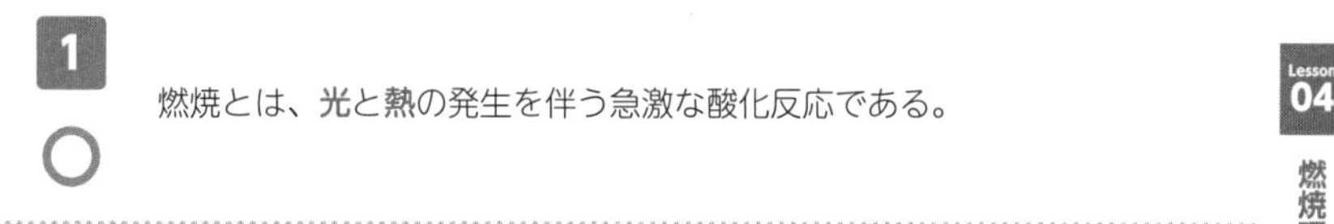

## 解答・解説



**1** ○

燃焼とは、**光**と**熱**の発生を伴う急激な酸化反応である。

**2** ×

空気のほかに、化合物に含まれる酸素が**酸素供給体**になることがある。また、可燃物がそれ自体で**酸素供給体**になり、他からの酸素の供給がなくても燃焼するものもある。

**3** ○

物質が酸素と化合することを酸化といい、酸化反応により生成された化合物を**酸化物**という。可燃物を空気中で燃焼させると、より安定な酸化物に変わる。

**4** ○

有機化合物が完全燃焼したときは、二酸化炭素と水が生じ、一酸化炭素は生じない。一酸化炭素は、酸素の供給が不足し、**不完全燃焼**になったときに発生する。

**5** ×

一酸化炭素は**可燃性**の気体である。燃焼すると二酸化炭素に変わる。

**6** ×

金属の衝撃火花や、**静電気**の放電による火花は、燃焼に必要な点火源になることがある。

**7** ×

蒸発熱や融解熱は、熱が**吸収**されるので、点火源になることはない（p.152参照）。

**8** ×

炭素 1mol が空気中で完全燃焼すると、二酸化炭素 1mol が生成する。

C（固）＋ $O_2$（気）＝ $CO_2$（気）＋ 394kJ　　12 ＋ 16 × 2 ＝ 44

二酸化炭素 1mol の質量は **44g** である。

## 問題

**9** 灯油の燃焼は、蒸発燃焼である。

**10** 木炭の燃焼は、分解燃焼である。

**11** 木材や紙などを加熱すると可燃性ガスが発生し、そのガスが燃焼する。このような燃焼の仕方を、蒸発燃焼という。

**12** ニトロセルロースは、分子中に多くの酸素を含有し、その酸素により燃焼する。このような燃焼の仕方を、自己燃焼という。

**13** コークスは、加熱により熱分解を起こさず、蒸発もせずに、高温を保ちながら酸素と反応して燃焼する。このような燃焼の仕方を、完全燃焼という。

**14** 硫黄の燃焼は、分解燃焼である。

**15** 金属を粉状にすると燃えやすくなるのは、熱伝導率が大きくなるためである。

**16** 可燃物は、周囲の温度が高いほど燃焼しやすい。

## 解答・解説

**9** ○

液体の可燃物の燃焼は、蒸発燃焼である。

**10** ×

木炭の燃焼は、表面燃焼である。

**11** ×

木材や紙などは加熱により分解し、その際に発生する可燃性ガスが燃焼する。このような燃焼の仕方を、分解燃焼という。

**12** ○

分解燃焼のうち、物質中に比較的多くの酸素を含有し、可燃物が自ら酸素供給体となるものの燃焼を、自己燃焼または内部燃焼という。ニトロセルロースやセルロイドの燃焼がこれに該当する。

**13** ×

可燃性固体が、その表面で熱分解を起こさず、蒸発もせずに、高温を保ちながら酸素と反応して燃焼する燃焼の仕方を、表面燃焼という。コークス、木炭などの燃焼がこれに該当する。

**14** ×

硫黄の燃焼は、蒸発燃焼である。固体で蒸発燃焼するものは少ないが、硫黄やナフタレンがこれに該当する。

**15** ×

金属を粉状にすると、酸素に触れる面積が増大すること、熱伝導率が小さくなることなどから燃えやすくなる。

**16** ○

可燃物は、周囲の温度が高いほど燃焼しやすい。一般に、温度が高くなるほど反応速度が速くなるためである。

## 問題

**17** 引火点とは、可燃性液体を燃焼させるために必要な熱源の温度をいう。

**18** 引火点は物質により異なる。

**19** 燃焼点とは、空気中で可燃性物質を加熱したときに、点火源がなくとも発火し燃焼する最低の温度をいう。

**20** 一般に、同じ物質では、燃焼点は引火点よりも低い。

**21** 液体の温度が引火点よりも低いときは、燃焼に必要な濃度の蒸気は発生しない。

**22** 可燃性液体の液温が発火点に達していても、点火源がなければ燃焼は起こらない。

**23** ガソリンの燃焼範囲を 1.4 ～ 7.6vol%とすると、ガソリンの蒸気 1.4L と空気 100L の混合気は、点火すると燃焼する。

**24** ガソリンの燃焼範囲を 1.4 ～ 7.6vol%とすると、ガソリンの蒸気 98.6L と空気 1.4L の混合気は、点火すると燃焼する。

## 解答・解説

**17** ×

引火点とは、可燃性液体の液面付近に発生する蒸気の濃度が燃焼下限値に達する最低の液温をいう。熱源の温度ではない。

**18** ○

引火点は、物質により異なる値を示す。

**19** ×

燃焼点とは、可燃性液体が点火源により着火したのちに、点火源を除いても５秒間以上の燃焼が継続するために必要な最低の液温をいう。問題文は、発火点の説明になっている。

**20** ×

一般に、同じ物質では、燃焼点は引火点よりも高い。

**21** ○

引火点とは、可燃性液体の液面付近に発生する蒸気の濃度が燃焼下限値に達する最低の液温なので、液温が引火点よりも低いときは、燃焼に必要な濃度の蒸気は発生しない。

**22** ×

発火点とは、空気中で可燃性物質を加熱したときに、点火源がなくとも発火し燃焼する最低の温度をいう。

**23** ×

ガソリンの蒸気 1.4L と空気 100L の混合気の濃度は約 1.38vol%で、燃焼下限値に達していないので、点火源があっても燃焼しない。

**24** ×

ガソリンの燃焼範囲を 1.4 ～ 7.6vol%とすると、ガソリンの蒸気 98.6L と空気 1.4L の混合気の濃度は 98.6vol%となり、燃焼範囲の上限値をはるかに超えているので、点火源があっても燃焼しない。

# 消火理論

## 消火の三要素

・燃焼が起きるためには、**燃焼の三要素**（**可燃性物質・酸素供給体・熱源**）が同時に揃わなければならない。

・したがって、消火を行うためには、燃焼の三要素のうちのいずれかを取り除けばよい。

・可燃物を取り去って消火することを、除去消火という。

・酸素の供給を断つことによって消火することを、窒息消火という。

・熱源から熱を奪うことによって消火することを、冷却消火という。

・これらの消火効果（**除去効果・窒息効果・冷却効果**）を、**消火の三要素**という。

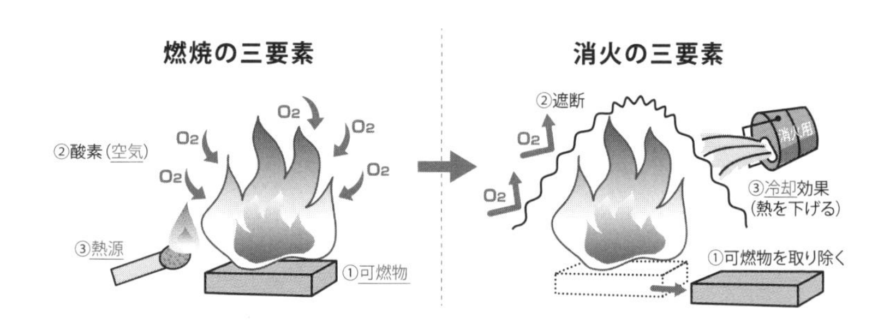


・燃焼の三要素に「**燃焼の継続**」を加えて、燃焼の四要素という。

・消火の三要素に、燃焼の反応速度を減少させる抑制効果（負触媒効果）を加えて、**消火の四要素**という。

## 消火方法と消火効果

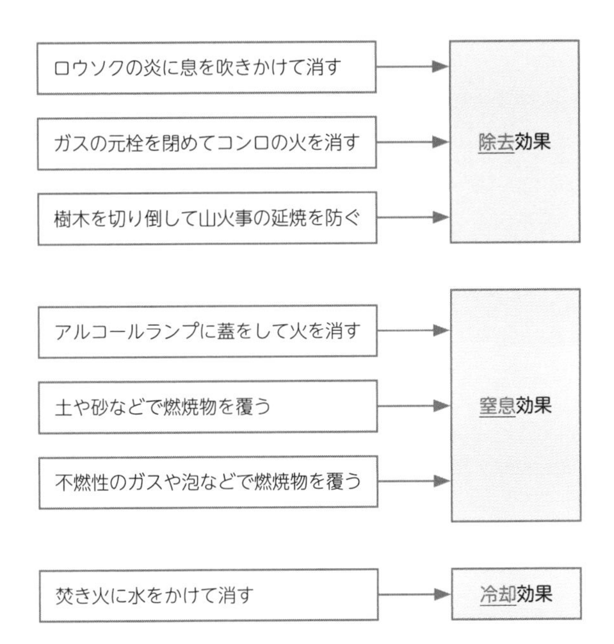


・一般に、不燃性ガスにより窒息消火を行う場合、そのガスが空気よりも重いほうが効果的である。

・二酸化炭素を放射して消火する場合は、燃焼物の周囲の酸素濃度を約14～15vol%以下にすると窒息消火する。

・一般に、第４類の危険物の火災には水による消火は適さないが、アルコール、アセトンなどの水溶性液体の火災には、注水して消火することがある。これを希釈消火法といい、原理的には、液面上に発生する可燃性蒸気の濃度を下げることによる除去消火である。

## 火災の区別

・木材、紙類、繊維などの普通可燃物が燃焼する火災を、普通火災またはA火災という。

・第4類の危険物である引火性液体などの火災を、油火災またはB火災という。

・電線、変圧器、モーター等の電気設備の火災を、電気火災という（便宜的にC火災ともいう）。

## 消火剤の種類と消火効果及び適応火災

| 消火剤 | 主成分・特徴 | 消火効果 | 適応火災 |
|---|---|---|---|
| 水 | ・水または水に界面活性剤等を添加したもの<br>・豊富に存在し入手しやすい<br>・蒸発熱や比熱が大きい<br>・霧状に放射する場合は電気火災にも適応 | 冷却効果<br>窒息効果※2 | A,（C）※1 |
| 強化液 | ・炭酸カリウムの濃厚な水溶液<br>・水の冷却効果に加えて、消火後の再燃防止効果がある<br>・霧状に放射する場合は電気火災にも適応し、抑制効果により油火災にも適応する | 冷却効果<br>（抑制効果）※1<br>再燃防止効果※3 | A,（B,C）※1 |

※1 カッコ内は、霧状に放射する場合。

※2 水蒸気に気化した場合。

※3 消火剤が可燃物に浸透することにより再燃を防ぐ効果。

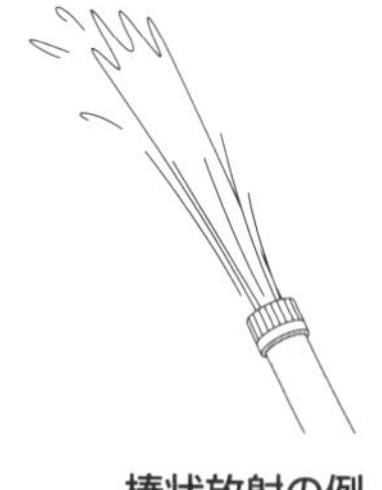

棒状放射の例

霧状放射の例

| 消火剤 | 主成分・特徴 | 消火効果 | 適応火災 |
|---|---|---|---|
| 泡 | ・化学泡消火器には、A 剤（主成分は炭酸水素ナトリウム）と B 剤（硫酸アルミニウム）の水溶液が用いられる。これらの水溶液は経年劣化するので、定期的な詰替えが必要<br>・機械泡消火器は、合成界面活性剤泡、水成膜泡等の水溶液を用いる<br>・多量の泡で燃焼物を覆うことによる窒息効果で、普通火災と油火災に適応。普通火災では水による冷却効果もある<br>・電気が泡を伝って感電するおそれがあり、電気火災には適応しない | 窒息効果<br>冷却効果 | A,B |
| 二酸化炭素 | ・液化二酸化炭素を使用<br>・放射された二酸化炭素による窒息効果と、蒸発熱による冷却効果<br>・化学的に安定した物質なので、長期貯蔵が可能<br>・消火後の汚損が少ない<br>・地下などの密閉された場所で使用すると、窒息するおそれがある | 窒息効果<br>冷却効果 | B,C |
| ハロゲン化物 | ・臭素、塩素、フッ素等のハロゲン元素を含む化合物<br>・ハロゲン元素による抑制効果と、放射された気体による窒息効果 | 抑制効果<br>窒息効果 | B,C |
| 粉末 | ①リン酸アンモニウムを主成分とするもの<br>②炭酸水素ナトリウムを主成分とするもの<br>③炭酸水素カリウムを主成分とするものまたは炭酸水素カリウムと尿素を成分とするもの | 窒息効果<br>抑制効果 | ① A,B,C<br>②③ B,C |

## 問題

**1** 燃焼の三要素のうち、1つの要素を取り除いただけでは消火することができない。

**2** ガスの元栓を閉めてコンロの火を消すのは、除去消火である。

**3** 熱源から熱を奪うことによって消火することを、冷却消火という。ロウソクの炎に息を吹きかけて消すのがこれに当たる。

**4** アルコールランプに蓋をして火を消すのは、除去消火である。

**5** 樹木を切り倒して山火事の延焼を防ぐのは、除去消火である。

**6** 一般に、不燃性ガスにより窒息消火を行う場合、そのガスが空気よりも軽いほうが効果的である。

**7** 二酸化炭素を放射して消火する場合は、燃焼物の周囲の酸素濃度を約14～15vol%以下にすると窒息消火する。

**8** 水溶性液体の火災には、注水して消火することがある。その主な消火効果は、窒息効果である。

## 解答・解説



**1** ×

燃焼が起きるためには、燃焼の三要素（可燃性物質・酸素供給体・熱源）が**同時に揃わなければならない**。したがって、消火を行うためには、燃焼の三要素のうちのいずれかを取り除けばよい。

**2** ○

ガスの元栓を閉めてコンロの火を消すのは、可燃物であるガスの供給を止めることによる**除去**消火である。

**3** ×

ロウソクが燃え続けるのは、固体のろうが炎で熱せられ、液体を経て気体になり、空気中の酸素と反応するためである。ロウソクに息を吹きかけて消すのは、可燃性の気体を吹き飛ばすことによる**除去**消火である。

**4** ×

アルコールランプに蓋をして火を消すのは、酸素の供給を断つことによる**窒息**消火である。

**5** ○

樹木を切り倒して山火事の延焼を防ぐのは、可燃物を取り去ることによる**除去**消火である。

**6** ×

一般に、不燃性ガスにより窒息消火を行う場合、そのガスが空気よりも**重い**ほうが効果的である。

**7** ○

空気中には約21％の酸素が含まれる。二酸化炭素を放射して消火する場合は、燃焼物の周囲の酸素濃度を約14～15vol％以下にすると窒息消火する。

**8** ×

水溶性液体の火災に注水して消火することを希釈消火法といい、原理的には、液面上に発生する可燃性蒸気の濃度を下げることによる**除去**消火である。

## 問題

**9** 水は、蒸発熱や比熱が大きいので、冷却効果が大きい。

**10** 強化液消火剤は、棒状に放射する場合は電気火災に適応する。

**11** 泡消火剤の主な消火効果は、抑制効果である。

**12** 泡消火剤は、電気火災には適応しない。

**13** 二酸化炭素消火剤は、化学的に安定した物質で毒性もなく、地下などの密閉された場所で使用しても安全である。

**14** 二酸化炭素消火剤は、消火後の汚損が少ない。

**15** ハロゲン化物消火剤の主な消火効果は、冷却効果である。

**16** リン酸アンモニウムを主成分とする粉末消火剤は、普通火災には適応しない。

## 解答・解説



**9** ○

水は、蒸発熱や比熱が大きいことから、**冷却**効果が大きく、消火剤としてすぐれている。

**10** ×

強化液消火剤は、**棒状**に放射する場合は普通火災にのみ適応する。**霧状**に放射する場合は、油火災、電気火災にも適応する。

**11** ×

泡消火剤の主な消火効果は、多量の泡で燃焼物を覆うことによる**窒息**効果である。

**12** ○

泡消火剤は、電気が泡を伝って**感電**するおそれがあるので、電気火災には適応しない。

**13** ×

二酸化炭素自体に毒性はないが、地下などの密閉された場所で使用すると、酸素濃度が低下し、**窒息**するおそれがある。

**14** ○

二酸化炭素消火剤は、使用後はすべて**気化**するので、対象物が汚れたり濡れたりすることがなく、汚損による被害が少ない。

**15** ×

ハロゲン化物消火剤の主な消火効果は、ハロゲン元素が燃焼の負触媒として働くことによる**抑制**効果である。

**16** ×

リン酸アンモニウムを主成分とする粉末消火剤は、**普通**火災、油火災、**電気**火災のすべてに適応する。

# ゴロ合わせで覚えよう！

➡ p.153

## ボイル・シャルルの法則

**圧力鍋が半開き！**
（圧力に）　　（反比例）

**肉は絶対にヒレ！**
（絶対温度に比例）

一定質量の気体の体積は、圧力に反比例し、絶対温度に比例する（ボイル・シャルルの法則）。

➡ p.167

## 化学変化を表す用語

**ねぇ、焼酎は俺の分かい？**
（燃）（焼）（中和）　　（分解）

**嗅ごう！ 嗅ぐのは変か？**
（化合）　（化学）　（変化）

物質の変化を表す言葉のうち、化合、分解、燃焼、中和は、化学変化を表している。

➡ p.189

## 固体の燃焼の仕方

**粉溶いて、味濃ーくして、**
（金属粉）　　　（コークス）

**表面カリカリに焼いて…、**
（表面）　　　　（燃焼）

**もう食ったんかい！**
（木炭）

木炭、金属粉、コークスなどの燃焼は、表面燃焼である。

乙種第４類危険物取扱者
一問一答問題集

# 第３章

# 危険物の性質並びに
その火災予防及び消火の方法

# 危険物の類ごとに共通する性状等

## 各類の危険物の特徴

### 第１類の危険物（酸化性固体）

・大部分は無色の結晶または白色の粉末である。

・いずれも不燃性であり、そのもの自体は燃焼しないが、分子中に酸素を含有し、酸素供給体（強酸化剤）となって周囲の可燃物の燃焼を著しく促進する。

・ 一般に可燃物、有機物、その他の酸化されやすい物質と混合しているときは、加熱、衝撃、摩擦により爆発するおそれがある。

### 第２類の危険物（可燃性固体）

・いずれも可燃性の固体である。

・一般に比重は１よりも大きい。

・一般に水に溶けない。

・比較的低温で着火しやすく、燃焼速度が速い。

・有毒のものや、燃焼時に有毒ガスを発生するものがある。

・一般に酸化剤との接触または混合、打撃などにより爆発するおそれがある。

### 第３類の危険物（自然発火性物質または禁水性物質）

・可燃性の固体または液体である。

・自然発火性物質は、空気との接触により発火する。

・禁水性物質は、水との接触により発火し、または可燃性ガスを生じる。

・ほとんどのものは、自然発火性、禁水性の両方の性質を有する。

### 第４類の危険物（引火性液体）

⇒ p.210 〜 211 参照

### 第５類の危険物（自己反応性物質）

・いずれも可燃性の固体または液体である。
・比重は１よりも大きい。
・燃焼速度が速い。
・加熱、衝撃、摩擦等により発火し、爆発するものが多い。
・空気中に長時間放置すると分解が進み、自然発火するものがある。
・引火性を有するものがある。
・金属と反応して、爆発性の金属塩を生じるものがある。
・一般に可燃物と酸素供給源が共存している物質が多く、自己燃焼性がある。
・周囲の空気を遮断しても燃焼するので、窒息消火は効果がない。

### 第６類の危険物（酸化性液体）

・いずれも不燃性の液体である。
・いずれも無機化合物である。
・水と激しく反応し、発熱するものがある。
・酸化力が強く、有機物と混ぜるとこれを酸化させ、場合により着火させることがある。
・腐食性があり、皮膚を冒す。
・蒸気は有毒である。

⇒第１類、第６類の危険物は、不燃性であるが、酸化力が強く、周囲の可燃物の燃焼を促進する。
⇒第２類、第３類、第４類、第５類の危険物は、いずれも可燃性物質であり､そのもの自体が燃焼しやすい（酸化されやすい）性質を有する。

## 第 4 類の危険物に共通する特徴

- いずれも引火性を有する液体である。
- 危険物の蒸気と空気の混合割合が、燃焼範囲の範囲内のときだけ燃焼する。
- 燃焼範囲が広いものほど危険性が高い。
- 燃焼範囲の下限値（燃焼下限値）が低いものほど危険性が高い。
- 引火点、沸点が低いものほど危険性が高い。
- 蒸気比重は 1 よりも大きい（空気より重い）。
- 液比重は 1 よりも小さい（水より軽い）ものが多い。
- 水に溶けないものが多い。
- 電気の不良導体であるものが多く、静電気が蓄積しやすい。

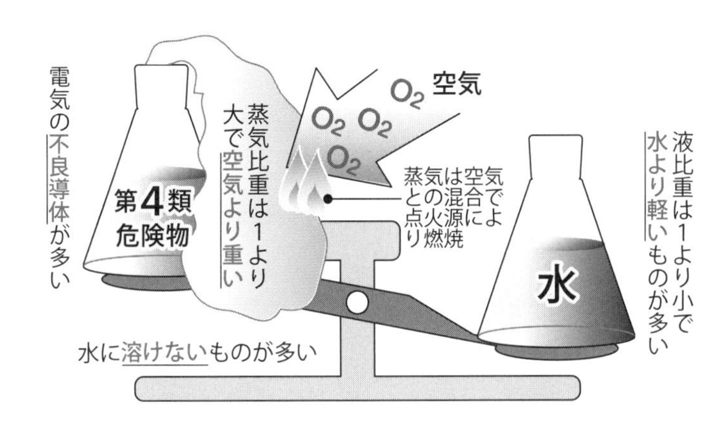

## 第４類の危険物に共通する火災予防の方法

・みだりに蒸気を発生させない。
・危険物が入った容器は、密栓して冷暗所に貯蔵する。
・容器に空間容積をとる（温度の上昇により危険物が膨張したときに、容器が破損し、危険物が流出するのを防ぐ）。
・可燃性の蒸気を滞留させない。
・蒸気が発生するような取扱いをする際は、屋内の低所に滞留した蒸気を、屋外の高所に排出するとともに、十分な換気、通風を行う。
・蒸気が滞留するおそれのある場所では、火花を発生させる機械器具等を使用しない。また、蒸気が滞留するおそれのある場所では、電気設備を防爆構造のものとする。
・危険物の流動等により静電気が生じるおそれがある場合は、危険物を取り扱う器具等を接地するなど、静電気を有効に除去する措置を講じる。

## 第４類の危険物に共通する消火の方法

・第４類の危険物による火災が生じた場合、可燃物を除去する除去消火や、燃焼している危険物の温度を下げる冷却消火はともに困難なので、窒息消火を行う。
・消火剤としては、霧状の強化液、泡、ハロゲン化物、二酸化炭素、粉末等が用いられる。
・水による消火は適当でない。第４類の危険物の多くは、液比重が１よりも小さく、水に溶けないので、注水すると危険物が水面を伝って流れ、火災の範囲を拡大させるおそれがある。
・アルコール、アセトン等の水溶性の液体は、泡消火剤が形成する泡の膜を溶かしてしまうので、これらの危険物の消火には、通常の泡消火剤でなく、水溶性液体用泡消火薬剤（耐アルコール泡）を使用する。

## 問題

**1** 第１類の危険物は、強い還元性を有する。

**2** 第１類の危険物は、すべて固体である。

**3** 第２類の危険物は、酸化されやすい固体である。

**4** 第３類の危険物は、不燃性の液体である。

**5** 第３類の危険物は、自然発火性と禁水性のいずれか一方の性質を有する。

**6** 第５類の危険物は、強い酸性を示す固体である。

**7** 第５類の危険物の消火には、窒息消火が有効である。

**8** 第６類の危険物は、可燃性の液体である。

## 解答・解説

**1** ×

第１類の危険物は、強い**酸化性**を有する。

**2** ○

第１類の危険物は**酸化性固体**であり、常温（20℃）においてすべて**固体**である。

**3** ○

第２類の危険物は**可燃性固体**であり、**酸化**されやすい固体である。

**4** ×

第３類の危険物は、**可燃性**の液体または固体である。

**5** ×

第３類の危険物のほとんどは、自然発火性と禁水性の**両方**の性質を有する。

**6** ×

第５類の危険物は、自己反応性を有する可燃性の**固体**または**液体**である。

**7** ×

第５類の危険物は、一般に可燃物と**酸素供給源**が共存している物質が多く、自己燃焼性がある。周囲の空気を遮断しても燃焼するので、**窒息消火**は効果がない。

**8** ×

第６類の危険物は、**不燃性**の液体である。そのもの自体は燃焼しないが、酸化力が強く、他の可燃物の燃焼を促進する。

## 問題

**9** 第４類の危険物は、引火点が高いものほど危険性が高い。

**10** 第４類の危険物は、燃焼範囲の下限値が低いものほど危険性が高い。

**11** 第４類の危険物から発生する蒸気は、低所に滞留する。

**12** 第４類の危険物は、水に溶けるものが多い。

**13** 第４類の危険物を貯蔵する際は、蒸気の発生により内圧が上昇し、容器が破裂するのを避けるために、容器にガス抜き口を設ける。

**14** 第４類の危険物を容器に貯蔵する際は、容器に空間を残さないように危険物を満たしておく。

**15** 強化液消火剤は、棒状に放射する場合は第４類の危険物の火災に有効である。

**16** アルコール類の火災の消火には、水溶性液体用泡消火薬剤を使用する。

## 解答・解説

**9** ×

第４類の危険物は、引火点が低いものほど危険性が高い。

**10** ○

第４類の危険物は、燃焼範囲の下限値が低いものほど危険性が高い。燃焼範囲の下限値が低いと、液面から発生する可燃性蒸気の量がわずかであっても引火するおそれがあるからである。

**11** ○

第４類の危険物の蒸気比重は１よりも大きく、空気より重い。したがって、液面から発生する蒸気は低所に滞留する。

**12** ×

第４類の危険物は、水に溶けないものが多い。ただし、アルコール類、アセトン、アセトアルデヒド、酢酸、グリセリンなど、水に溶けるものもある。

**13** ×

第４類の危険物を貯蔵する際は、容器を密栓して冷暗所に貯蔵する。容器にガス抜き口を設けると、可燃性の蒸気が流出するので危険である。

**14** ×

第４類の危険物は容器を密栓して貯蔵するが、容器には空間容積をとる。温度の上昇により危険物が膨張したときに、容器が破損し、危険物が流出するのを防ぐためである。

**15** ×

強化液消火剤は、霧状に放射する場合にのみ、第４類の危険物の火災に有効である。

**16** ○

アルコール、アセトン等の水溶性の液体は、泡消火剤が形成する泡の膜を溶かしてしまうので、これらの危険物の消火には、通常の泡消火剤でなく、水溶性液体用泡消火薬剤（耐アルコール泡）を使用する。

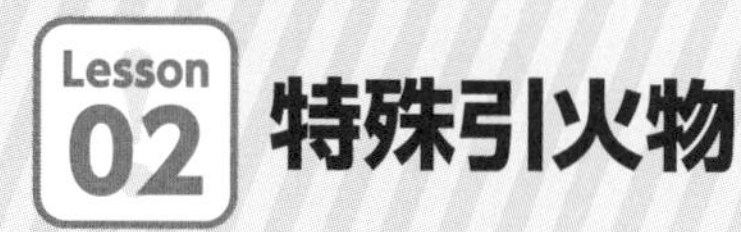

# Lesson 02 特殊引火物

## 特殊引火物の定義

**特殊引火物**とは、ジエチルエーテル、二硫化炭素その他１気圧において、発火点が100℃以下のものまたは引火点が－20℃以下で沸点が40℃以下のものをいう。

## 特殊引火物の主な物品

| 物品名・形状等 | 性質 | 危険性・火災予防等 |
|---|---|---|
| **ジエチルエーテル**<br>$C_2H_5OC_2H_5$<br>無色<br>刺激臭 | 比重：0.7<br>沸点：34.6℃<br>引火点：－45℃<br>発火点：160℃※1<br>燃焼範囲：1.9～36vol%※2<br>蒸気比重：2.6<br>水にわずかに溶け、エタノール、二硫化炭素には溶ける | ・日光にさらしたり、空気に長く接触したりすると過酸化物を生じ、加熱、衝撃により爆発するおそれがある<br>・蒸気に麻酔性がある<br>・直射日光を避けて冷暗所に保存する |

※１ 180℃とする文献もある。

※２ 上限を48vol%とする文献もある。

⇒ジエチルエーテルは、特殊引火物の中でも引火点が－45℃と特に低いことや、わずかに水溶性を有することなどが特徴。

| 物品名・形状等 | 性質 | 危険性・火災予防等 |
| --- | --- | --- |
| **二硫化炭素**<br>$CS_2$<br>無色<br>純品はほとんど無臭だが、一般には特有の不快臭を有する | 比重：1.3<br>沸点：46℃<br>引火点：－30℃以下<br>発火点：90℃<br>燃焼範囲：1.3～50vol%<br>蒸気比重：2.6<br>水には溶けず、エタノール、ジエチルエーテルには溶ける | ・蒸気は有毒である<br>・燃焼すると有毒な二酸化硫黄（亜硫酸ガス：$SO_2$）を生じる<br>・水より重く、水に溶けないので、容器に水を張って貯蔵し、または水没させたタンクに貯蔵して蒸気の発生を防ぐ |
| **アセトアルデヒド**<br>$CH_3CHO$<br>無色<br>刺激臭 | 比重：0.8<br>沸点：21℃<br>引火点：－39℃<br>発火点：175℃<br>燃焼範囲：4.0～60vol%<br>蒸気比重：1.5<br>水によく溶け、アルコール、ジエチルエーテルにも溶ける<br>油脂などをよく溶かす<br>酸化すると酢酸になる | ・蒸気は粘膜を刺激し有毒<br>・熱または光により分解し、メタンと一酸化炭素になる<br>・加圧状態では爆発性の過酸化物を発生するおそれがある<br>・貯蔵する場合は窒素等の不活性ガスを注入する<br>・貯蔵タンクは鋼製とする（銅とその合金、銀とは、爆発性の化合物を生じるおそれがある） |
| **酸化プロピレン**<br>$C_3H_6O$<br>無色<br>エーテル臭 | 比重：0.8<br>沸点：35℃<br>引火点：－37℃<br>発火点：449℃<br>燃焼範囲：2.3～36vol%<br>蒸気比重：2.0<br>水、エタノール、ジエチルエーテルによく溶ける | ・重合する性質があり、その際に発生する熱が火災、爆発の原因になる※3<br>・銀、銅などに触れると重合が促進されやすい<br>・蒸気に刺激性はないが、吸入すると有毒<br>・皮膚に付着すると凍傷と同様の症状を呈するおそれがある<br>・貯蔵する場合は窒素等の不活性ガスを注入する |

※3 重合とは、化合物が2個以上結合し、分子量の大きい高分子化合物になることをいう。

## 問題

**1** 特殊引火物には、比重が１よりも大きいものはない。

**2** 特殊引火物には、発火点が 100℃よりも低いものがある。

**3** ジエチルエーテルは、水よりも重く、水に溶けにくいので、容器に水を張って貯蔵し、蒸気の発生を抑える。

**4** 二硫化炭素の蒸気に毒性はないが、燃焼すると有毒な二酸化硫黄（亜硫酸ガス）を発生する。

**5** アセトアルデヒドは、無色の液体である。

**6** アセトアルデヒドは、水には溶けないが、アルコール、ジエチルエーテルにはよく溶ける。

**7** ジエチルエーテルは、常温（20℃）では引火の危険性はない。

**8** 酸化プロピレンは沸点が低く、夏期には気温が沸点を超えるおそれがある。

## 解答・解説

**1** ×

二硫化炭素の比重は 1.3 である。

**2** ○

二硫化炭素の発火点は 90℃である。

**3** ×

ジエチルエーテルは水よりも軽く、水にわずかに溶ける。問題文の性質及び貯蔵方法は、二硫化炭素に当てはまる。

**4** ×

二硫化炭素の蒸気は有毒である。燃焼すると有毒な二酸化硫黄（亜硫酸ガス）を発生するという記述は正しい。

**5** ○

アセトアルデヒドは無色の液体で、刺激臭を有する。

**6** ×

アセトアルデヒドは、水によく溶け、アルコール、ジエチルエーテルにも溶ける。

**7** ×

ジエチルエーテルの引火点は－45℃ときわめて低く、常温でも引火する。

**8** ○

酸化プロピレンの沸点は 35℃で、夏期には気温が沸点を超えるおそれがある。

## 問題

**9** 特殊引火物には、水に溶けるものはない。

**10** 特殊引火物には、引火点が－20℃以下のものがある。

**11** ジエチルエーテルの蒸気は、空気より軽い。

**12** ジエチルエーテルは、空気中で自然発火するおそれがある。

**13** 二硫化炭素は無色の液体で、純品はほとんど無臭である。

**14** 二硫化炭素は、容器に水を張って貯蔵し、または水没させたタンクに貯蔵するが、その理由は、可燃物との接触を避けるためである。

**15** アセトアルデヒドは、酸化により酢酸を生成する。

**16** 酸化プロピレンには、重合する性質がある。

## 解答・解説

**9** ×

アセトアルデヒドは水によく溶け、酸化プロピレンも水に溶ける。ジエチルエーテルも水にわずかに溶ける。

**10** ○

特殊引火物は、「ジエチルエーテル、二硫化炭素その他１気圧において、発火点が100℃以下のものまたは引火点が－20℃以下で沸点が40℃以下のもの」と定義されている。

**11** ×

ジエチルエーテルの蒸気比重は2.6で、空気より重い。第４類の危険物には、蒸気比重が１より小さい（空気より軽い）ものはない。

**12** ×

ジエチルエーテルは、日光にさらしたり、空気に長く接触したりすると過酸化物を生じ、加熱、衝撃により爆発するおそれがあるが、自然発火することはない。

**13** ○

二硫化炭素は無色の液体で、純品はほとんど無臭であるが、一般には特有の不快臭を有する。

**14** ×

二硫化炭素を、問題文のような方法で貯蔵するのは、可燃性蒸気の発生を防ぐためである。

**15** ○

アセトアルデヒドは、酸化により酢酸を生成する。
化学反応式：$2CH_3CHO + O_2 \rightarrow 2CH_3COOH$

**16** ○

酸化プロピレンには重合する性質があり、その際に発生する熱が火災、爆発の原因になる。

# Lesson 03 第一石油類

## 第一石油類の定義

**第一石油類**とは、アセトン、ガソリンその他１気圧において引火点が21℃未満のものをいう。

## 第一石油類の主な物品（非水溶性）

| 物品名・形状等 | 性質 | 危険性・火災予防等 |
|---|---|---|
| **ガソリン**<br>無色だが用途に応じて着色されている<br>特有の臭気<br>炭化水素の混合物 | 比重：0.65 ～ 0.75<br>発火点：約 300℃<br>燃焼範囲：1.4 ～ 7.6vol%<br>蒸気比重：3 ～ 4<br>水に溶けない<br>ゴム・油脂などを溶かす<br><br>**自動車ガソリン**<br>引火点：－ 40℃以下<br>オレンジ色に着色<br><br>**工業ガソリン**<br>沸点範囲：<br>ベンジン 30 ～ 150℃<br>ゴム揮発油 80 ～ 160℃<br>大豆揮発油 60 ～ 90℃ | ・蒸気比重が大きく、蒸気が低所に滞留しやすい<br>・流動等により静電気を発生しやすい<br>・ガソリンを収納していた容器や移動貯蔵タンクに灯油を注入する場合、静電気の放電火花により引火することがある（次ページ参照）<br>⇒必ずガソリンの蒸気を排出してから灯油を注入する |

### ガソリンの蒸気が充満したタンクに灯油を注入した場合の危険性

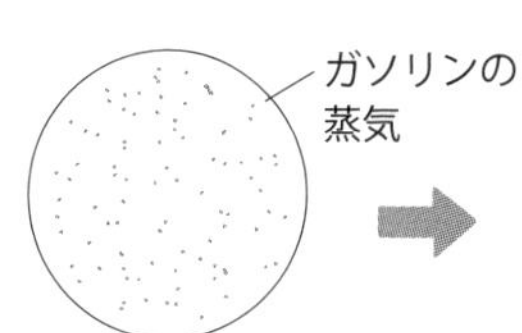


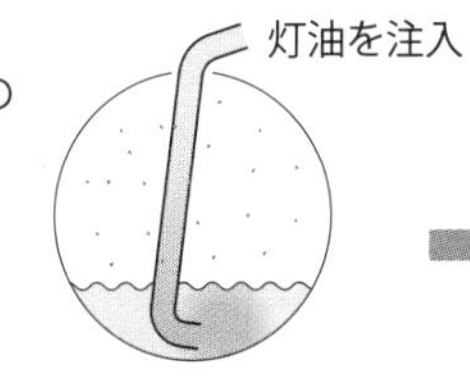


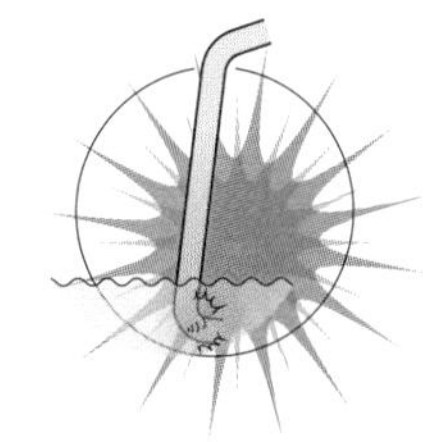

タンクは空だが、内部にガソリンの蒸気が残っている

ガソリンの蒸気の一部が灯油に吸収され、燃焼範囲内の濃度になる

灯油の流入により発生した静電気の火花により引火して爆発



| 物品名・形状等 | 性質 | 危険性・火災予防等 |
|---|---|---|
| **ベンゼン**<br>$C_6H_6$<br>無色<br>揮発性芳香 | 比重：0.9<br>沸点：80℃<br>融点：5.5℃<br>引火点：－ 11.1℃<br>発火点：498℃<br>燃焼範囲：1.2 ～ 7.8vol%<br>蒸気比重：2.8<br>水には溶けず、アルコール、ジエチルエーテルなど多くの有機溶剤によく溶ける | ・蒸気は有毒で、吸入すると急性または慢性の中毒症状を呈する<br>・各種の有機物をよく溶かす<br>・流動等により静電気を発生しやすい<br>・冬期に固化したものでも引火の危険性がある |
| **トルエン**<br>$C_6H_5CH_3$<br>無色<br>特有の臭気 | 比重：0.9<br>沸点：111℃<br>融点：－ 95℃<br>引火点：4℃<br>発火点：480℃<br>燃焼範囲：1.1 ～ 7.1vol%<br>蒸気比重：3.1<br>水には溶けず、アルコール、ジエチルエーテルなどの有機溶剤によく溶ける | ・蒸気は有毒であるが、毒性はベンゼンよりも低い<br>・流動等により静電気を発生しやすい |

### ベンゼンとトルエンの比較

・ベンゼンとトルエンは、ともに芳香族炭化水素で、性質が似ている。

・引火点は、ベンゼンのほうが低い。

・蒸気はともに有毒であるが、毒性はベンゼンのほうが高い。

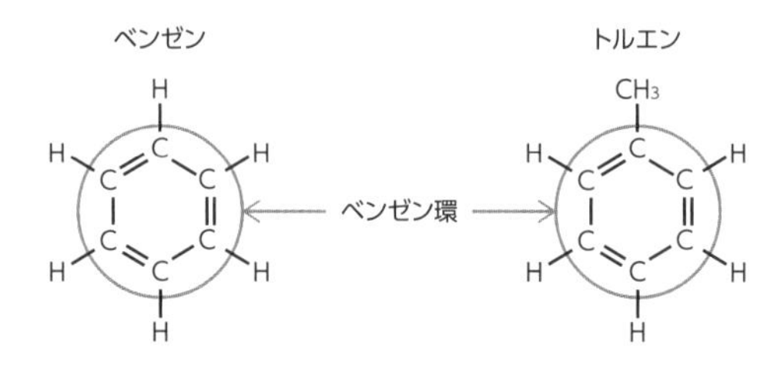


## 第一石油類の主な物品（非水溶性・続き）

| 物品名・形状等 | 性質 | 危険性・火災予防等 |
|---|---|---|
| ***n* ーヘキサン**<br>$C_6H_{14}$<br>無色<br>かすかな特有の臭気 | 比重：0.7<br>沸点：69℃<br>融点：－ 95℃<br>引火点：－ 20℃以下<br>燃焼範囲：1.1 ～ 7.5vol%<br>蒸気比重：3.0<br>水に溶けず、エタノール、ジエチルエーテルなどにはよく溶ける | ・流動等により静電気を発生しやすい |
| **エチルメチルケトン**<br>$CH_3COC_2H_5$<br>無色<br>アセトンに似た臭気 | 比重：0.8<br>沸点：80℃<br>融点：－ 86℃<br>引火点：－ 9℃<br>発火点：404℃<br>燃焼範囲：1.4 ～ 11.4vol%<br>蒸気比重：2.5<br>水にわずかに溶け、アルコール、ジエチルエーテルなどにはよく溶ける | ・第一石油類の非水溶性液体に分類されているが、水にわずかに溶けるので、火災の際に一般の泡消火剤の使用は不適当<br>・水を噴霧にして用いれば、冷却と希釈の効果により消火できる<br>・そのほか、耐アルコール泡、二酸化炭素、粉末、ハロゲン化物等の消火剤は有効 |

## 第一石油類の主な物品（水溶性）

| 物品名・形状等 | 性質 | 危険性・火災予防等 |
|---|---|---|
| **アセトン**<br>$CH_3COCH_3$<br>無色<br>特異臭 | 比重：0.8<br>沸点：56℃<br>引火点：－20℃<br>発火点：465℃<br>燃焼範囲：2.5～12.8vol%<br>蒸気比重：2.0<br>水によく溶け、アルコール、ジエチルエーテルなどにも溶ける | ・水によく溶けるので、火災の際に一般の泡消火剤の使用は不適当<br>・水を噴霧にして用いれば、冷却と希釈の効果により消火できる<br>・そのほか、耐アルコール泡、二酸化炭素、粉末、ハロゲン化物等の消火剤は有効 |
| **ピリジン**<br>$C_5H_5N$<br>無色<br>悪臭 | 比重：0.98<br>沸点：115.5℃<br>引火点：20℃<br>発火点：482℃<br>燃焼範囲：1.8～12.4vol%<br>蒸気比重：2.7<br>水及びアルコール、ジエチルエーテル、アセトンなどの有機溶剤と任意の割合で混合する<br>多くの有機物を溶かす | アセトンと同様 |
| **ジエチルアミン**<br>$(C_2H_5)_2NH$<br>無色<br>アンモニア臭 | 比重：0.7<br>融点：－50℃<br>沸点：57℃<br>引火点：－23℃<br>発火点：312℃<br>燃焼範囲：1.8～10.1vol%<br>蒸気比重：2.5<br>水、アルコールによく溶ける | アセトンと同様 |

## 問題

**1** ガソリンは無機化合物である。

**2** ガソリンの蒸気は、空気の 3 ～ 4 倍の重さがある。

**3** 自動車ガソリンは、灯油、軽油などと区別するために、淡青色に着色されている。

**4** 自動車ガソリンは引火点が低く、冬期の屋外でも引火するおそれがある。

**5** ガソリンを収納していた容器に灯油を注入しているときに火災が発生することがあるが、その原因は、ガソリンの蒸気に灯油の蒸気が加わることによって引火点が下がるためである。

**6** ベンゼン、トルエンは、ともに水によく溶ける。

**7** ベンゼンは、トルエンよりも引火点が低い。

**8** ベンゼンとトルエンでは、トルエンのほうが蒸気の毒性が高い。

## 解答・解説

**1**
×
ガソリンは炭素数４～10程度の炭化水素の**混合物**である。不純物として微量の有機硫黄化合物などが含まれることがある。

**2**
○
ガソリンの**蒸気比重**は３～４で、蒸気は空気の３～４倍の重さがある。

**3**
×
自動車ガソリンは、灯油、軽油などと区別するために、**オレンジ色**に着色されている。

**4**
○
自動車ガソリンは引火点が**－40℃**と大変低く、冬期の屋外でも引火するおそれがある。

**5**
×
ガソリンを収納していた容器に灯油を注入すると、充満していたガソリンの蒸気がある程度灯油に吸収されて**燃焼範囲**内の濃度になり、灯油の流入によって発生した**静電気**の放電火花により引火し火災に至ることがある。

**6**
×
ベンゼン、トルエンは、ともに水には**溶けず**、アルコール、ジエチルエーテルなど多くの有機溶剤によく溶ける。

**7**
○
ベンゼンの引火点は－11.1℃、トルエンの引火点は４℃である。

**8**
×
ベンゼン、トルエンの蒸気はともに有毒であるが、毒性は**ベンゼン**のほうが高い。

## 問題

**9** ガソリンの燃焼範囲は、4.0 ～ 60vol% と非常に広い。

**10** ガソリンは、電気の良導体である。

**11** ガソリンの発火点は、100℃以下である。

**12** ガソリンの比重は、一般的な灯油や軽油よりも大きい。

**13** ベンゼンは、水と反応して発熱する。

**14** ベンゼン、トルエンは、ともに芳香族炭化水素である。

**15** ベンゼン、トルエンは、ともに無色の液体である。

**16** ベンゼン、トルエンは、いずれも引火点が常温（20℃）より高い。

## 解答・解説

**9** ✕

ガソリンの燃焼範囲は、1.4 ～ 7.6vol% である。4.0 ～ 60vol% は、特殊引火物に含まれるアセトアルデヒドの燃焼範囲である。

**10**

ガソリンは、第４類の危険物のほとんどと同様に、電気の不良導体である。

**11**

ガソリンの発火点は、約 300℃である。

**12** ✕

ガソリンの比重は 0.65 ～ 0.75、灯油の比重は 0.8 程度、軽油の比重は 0.85 程度である。

ベンゼンは水に溶けず、水と反応もしない。

**14** ○

環式化合物のうち、分子内にベンゼン環（6 個の炭素原子からなる正六角形の構造）をもつものを、芳香族化合物という。ベンゼン、トルエンは、ともに芳香族炭化水素で、芳香族特有の臭いをもつ。

**15**

ベンゼン、トルエンは、ともに無色の液体である。

**16** ✕

ベンゼンの引火点は－11.1℃、トルエンの引火点は 4℃で、いずれも、引火点は常温より低い。

## 問題

**17** $n$ －ヘキサンは、水に溶けない。

**18** エチルメチルケトンは、水に溶けない。

**19** アセトンは、アルコールに溶けない。

**20** アセトンの沸点は、100℃よりも高い。

**21** アセトンの蒸気は空気よりも重いので、低所に滞留する。

**22** アセトンの火災には、棒状の水を放射する消火方法が有効である。

**23** ピリジンは、常温（20℃）では引火しない。

**24** ジエチルアミンは、水にもアルコールにも溶ける。

## 解答・解説



**17** ○

*n*-ヘキサンは、水に溶けず、エタノール、ジエチルエーテルなどにはよく溶ける。

**18** ×

エチルメチルケトンは、水にわずかに溶ける。

**19** ×

アセトンは、水によく溶け、アルコール、ジエチルエーテルなどにも溶ける。

**20** ×

アセトンの沸点は 56℃である。

**21** ○

アセトンの蒸気比重は 2.0 で、蒸気は空気よりも重い。

**22** ×

アセトンの火災には、水を噴霧にして用いると、冷却と希釈の効果により消火できるほか、耐アルコール泡、二酸化炭素、粉末、ハロゲン化物等の消火剤が有効である。棒状の水は有効でない。

**23** ×

ピリジンの引火点は 20℃なので、常温で引火する。

**24** ○

ジエチルアミンは、水、アルコールによく溶ける。

## 問題

**25** $n$ −ヘキサンは、常温（20℃）では引火しない。

**26** エチルメチルケトンを貯蔵する場合は、貯蔵容器に通気口を設ける。

**27** エチルメチルケトンの火災には、棒状の水を放射する消火方法が有効である。

**28** アセトンは、無色の液体である。

**29** アセトンの蒸気は、空気より重く、低所に滞留する。

**30** アセトンの火災には、一般の泡消火剤を使用する消火方法が有効である。

**31** ピリジンは、無色・無臭の液体である。

**32** ジエチルアミンの沸点は、100℃よりも低い。

## 解答・解説

**25**

*n*－ヘキサンの引火点は－20℃以下で、常温でも引火する。

**26**

第４類の危険物を貯蔵する場合は、可燃性蒸気の発生を防ぐために、容器を密栓する。

**27** ×

第４類の危険物の火災には、棒状の水を放射する消火方法は有効でない。一般に、水による消火は適当でないが、エチルメチルケトン、アセトン等の火災には、水を噴霧にして用いる消火方法が有効である。

アセトンは、無色の液体で、特有の臭気を有する。

**29** ○

アセトンの蒸気比重は2.0と空気より重く、蒸気は低所に滞留する。蒸気比重が１より大きく空気より重いことは、第４類の危険物すべてに共通する性質である。

アセトンは水に溶けるので、一般の泡消火剤の使用は不適当である。泡消火剤を用いる場合は、水溶性液体用泡消火薬剤（耐アルコール泡）を使用する。

ピリジンは、無色の液体で、悪臭がある。

**32** ○

ジエチルアミンの沸点は57℃である。

# アルコール類

## アルコール類の定義

**アルコール類**とは、一分子を構成する炭素の原子の数が１個から３個までの飽和１価アルコール（変性アルコールを含む）をいい、組成等を勘案して総務省令で定めるものを除く。

・アルコールとは、炭化水素化合物の水素原子（H）をヒドロキシ基（OH）で置き換えた形の化合物の総称である。
・１価アルコールとは、ヒドロキシ基（OH）を１つもつものをいう。
・アルコール類は、炭素数が増加するほど蒸気比重が大きく、引火点、沸点は高くなる。
・変性アルコールとは、エタノールに変性剤を加えて飲用不可にしたものをいう（消毒用アルコール、工業用アルコールが該当する）。
・アルコールの含有量が60％未満の水溶液は、危険物に含まれない。

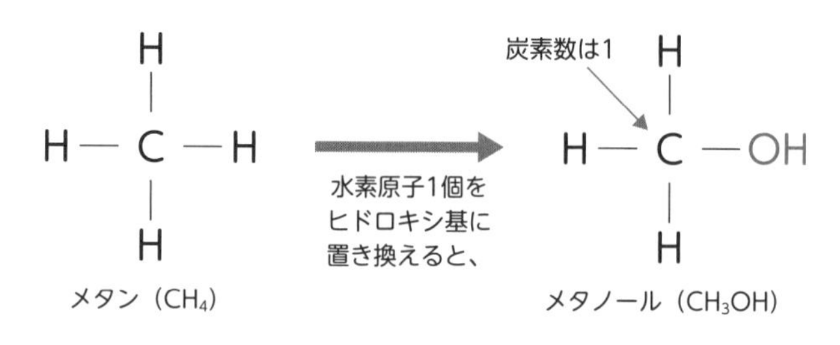


メタノールは、アルコール類の中で最も分子構造が単純で、分子量が小さい。

## アルコール類の主な物品

| 物品名・形状等 | 性質 | 危険性・火災予防等 |
|---|---|---|
| **メタノール**<br>$CH_3OH$<br>無色<br>特有の芳香 | 比重：0.8<br>融点：－97℃<br>沸点：64℃<br>引火点：11℃<br>発火点：464℃<br>燃焼範囲：6.0～36vol%<br>蒸気比重：1.1<br>水、エタノール、ジエチルエーテル、その他多くの有機溶剤によく溶ける<br>有機物をよく溶かす | ・引火点が低く、夏期など液温が高いときはガソリン同様の危険性<br>・毒性がある<br>・燃焼しても炎の色が淡く、認識しにくい<br>・水溶性のため、一般の泡消火剤は不適当<br>・耐アルコール泡、二酸化炭素、粉末、ハロゲン化物などの消火剤が有効 |
| **エタノール**<br>$C_2H_5OH$<br>無色<br>特有の芳香と味 | 比重：0.8<br>融点：－114℃<br>沸点：78℃<br>引火点：13℃<br>発火点：363℃<br>燃焼範囲：3.3～19vol%<br>蒸気比重：1.6<br>水、ジエチルエーテル、その他多くの有機溶剤によく溶ける<br>酒類の主成分である | ・毒性はなく、麻酔性がある<br>・炎はわずかに橙色を示す<br>・その他はメタノールに準ずる |

### メタノールとエタノールの比較

・ともに、水と任意の割合で溶解する。

・ともに揮発性のある無色の液体で、特有の芳香を有する。

・ともに、引火点は常温（20℃）より低い。

・燃焼範囲は、メタノールのほうが広い。

・メタノールには毒性があるが、エタノールには毒性はなく、麻酔性がある。

## 問題

**1** メタノールの沸点は、水よりも高い。

**2** メタノールの蒸気比重は、1よりも小さい。

**3** メタノールは、アルコール類では最も分子量が大きい化合物である。

**4** メタノール、エタノールは、ともに飽和1価アルコールである。

**5** メタノールは、燃焼しても炎の色が淡く、見えないことがある。

**6** メタノールは常温でも引火するが、エタノールは常温では引火することはない。

**7** 燃焼範囲は、メタノールよりもエタノールのほうが広い。

**8** メタノール、エタノールは、ともに水と任意の割合で溶解する。

## 解答・解説

**1** ×

メタノールの沸点は 64℃で、水よりも低い。

**2** ×

メタノールの蒸気比重は 1.1 で、1 よりも大きい。

**3** ×

メタノール（$CH_3OH$）は、アルコール類の中で最も分子構造が単純で、分子量が小さい。

**4** ○

第４類の危険物のアルコール類に含まれる物品は、すべて炭素数 1 ～ 3 の飽和 1 価アルコールである。

**5** ○

メタノールは、燃焼しても炎の色が淡く、見えないことがある。エタノールの炎は、わずかに橙色を示す。

**6** ×

メタノールの引火点は 11℃、エタノールの引火点は 13℃で、ともに常温で引火する。

**7** ×

メタノールの燃焼範囲は 6.0 ～ 36vol%、エタノールの燃焼範囲は 3.3 ～ 19vol%なので、燃焼範囲はメタノールのほうが広い。

**8** ○

メタノール、エタノールは、ともに水と任意の割合で溶解する。

## 問題

**9** 第４類の危険物のうち、アルコール類に含まれるのは、１価のアルコールである。

**10** 第４類の危険物のうち、アルコール類に含まれるものは、いずれも沸点が水よりも高い。

**11** メタノールには毒性があるが、エタノールには毒性はない。

**12** メタノール、エタノールは、いずれも特有の芳香を有する液体である。

**13** メタノールの引火点は 0℃以下である。

**14** メタノール、エタノールは、いずれも、－ 100℃では液体である。

**15** メタノール、エタノールは、いずれも、燃焼範囲の上限値が 30vol% 以下である。

**16** エタノールの引火点は、灯油とほぼ同じである。

## 解答・解説

**9** ○

第4類の危険物のうち、アルコール類に含まれるのは、ヒドロキシ基（OH）を1つもつ1価のアルコールである。

**10** ×

メタノールの沸点は64℃、エタノールの沸点は78℃で、いずれも、沸点は水よりも低い。

**11** ○

メタノールには毒性があるが、エタノールには毒性はなく、麻酔性がある。

**12** ○

メタノール、エタノールは、いずれも無色の液体で、特有の芳香を有する。

**13** ×

メタノールの引火点は11℃である。

**14** ×

エタノールの融点は－114℃で、－100℃では液体であるが、メタノールの融点は－97℃なので、－100℃では固体である。

**15** ×

メタノールの燃焼範囲は6.0～36vol%、エタノールの燃焼範囲は3.3～19vol%である。

**16** ×

エタノールの引火点は13℃、灯油の引火点は40℃以上である。

# 第二石油類

## 第二石油類の定義

**第二石油類**とは、灯油、軽油その他１気圧において引火点が 21℃以上 70℃未満のものをいい、塗料類その他の物品であって、組成等を勘案して総務省令で定めるものを除く。

## 第二石油類の主な物品（非水溶性）

| 物品名・形状等 | 性質 | 危険性・火災予防等 |
|---|---|---|
| **灯油**<br>炭化水素の混合物<br>無色ないしやや黄色<br>特異臭 | 比重：0.8 程度<br>沸点範囲：145 ～ 270℃<br>引火点：40℃以上<br>発火点：220℃<br>燃焼範囲：1.1 ～ 6.0vol%<br>蒸気比重：4.5<br>水に溶けない<br>油脂などを溶かす<br>ストーブの燃料、溶剤などに使用される | ・加熱等により液温が引火点以上になると、ガソリン同様の危険性<br>・霧状になって浮遊するとき、布などにしみこんでいるときは、空気との接触面積が大きくなるので危険性が増す<br>・蒸気比重が大きく、低所に滞留しやすい<br>・流動等により静電気を発生しやすい<br>・ガソリンが混合されたものは引火しやすくなる |

| 物品名・形状等 | 性質 | 危険性・火災予防等 |
| --- | --- | --- |
| **軽油**<br>炭化水素の混合物<br>淡黄色または淡褐色<br>ディーゼル油とも呼ばれる | 比重：0.85 程度<br>沸点範囲：170 ～ 370℃<br>引火点：45℃以上<br>発火点：220℃<br>燃焼範囲：1.0 ～ 6.0vol%<br>蒸気比重：4.5<br>水に溶けない<br>ディーゼル機関の燃料として用いられる | 灯油と同様 |
| **クロロベンゼン**<br>$C_6H_5Cl$<br>無色 | 比重：1.1<br>融点：− 44.9℃<br>沸点：132℃<br>引火点：28℃<br>燃焼範囲：1.3 ～ 9.6vol%<br>蒸気比重：3.9<br>水に溶けず、アルコール、ジエチルエーテルには溶ける | ・若干の麻酔性がある<br>・加熱等により液温が引火点以上になると、ガソリン同様の危険性<br>・霧状になって浮遊するとき、布などにしみこんでいるときは、空気との接触面積が大きくなるので危険性が増す<br>・蒸気比重が大きく、低所に滞留しやすい<br>・流動等により静電気を発生しやすい |

### 灯油と軽油の比較

・ともに、原油から分留される炭化水素の混合物である。
・引火点は、灯油のほうが低い。
・ともに、常温（20℃）付近では引火しない。ただし、霧状になって浮遊するとき、布などにしみこんでいるときは、液温が引火点以下であっても引火するおそれがある。
・灯油の主な用途は、ストーブの燃料、溶剤など。
・軽油の主な用途は、ディーゼル機関の燃料。

## 第二石油類の主な物品（非水溶性・続き）

| 物品名・形状等 | 性質 | 危険性・火災予防等 |
|---|---|---|
| **キシレン**<br>$C_6H_4(CH_3)_2$<br>無色<br>特有の臭気 | キシレンには３つの異性体が存在し、それぞれ性質が異なる（下表参照） | クロロベンゼンと同様<br>⇒ p.241 参照 |

**キシレンの３つの異性体とその性質**

| 異性体別 | 比重 | 沸点（℃） | 融点（℃） | 引火点（℃） | 発火点（℃） | 燃焼範囲（vol%） | 蒸気比重 |
|---|---|---|---|---|---|---|---|
| オルトキシレン | 0.88 | 144 | －25.2 | 33 | 463 | 1.0～6.0 | 3.66 |
| メタキシレン | 0.86 | 139 | －47.7 | 28 | 527 | 1.1～7.0 | 3.66 |
| パラキシレン | 0.86 | 138 | 13.2 | 27 | 528 | 1.1～7.0 | 3.66 |

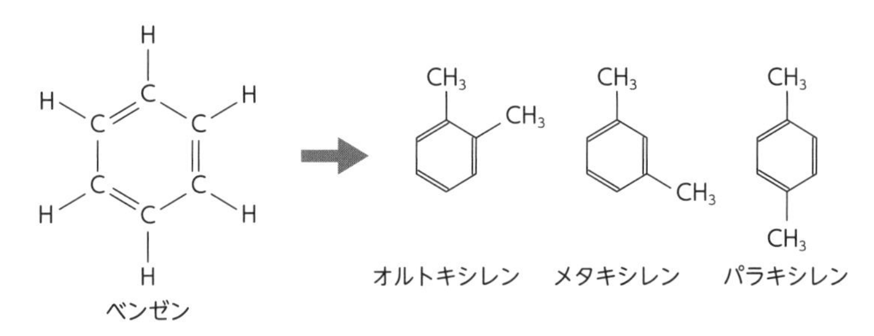


キシレンは、ベンゼンの水素原子2個がメチル基（$CH_3$）に置き換えられた形の芳香族炭化水素で、3種類の異性体がある。

⬡ → ベンゼン環（ベンゼンの構造式に含まれる6個の炭素原子からなる正六角形の構造の環）の略記。

## 第二石油類の主な物品（水溶性）

| 物品名・形状等 | 性質 | 危険性・火災予防等 |
|---|---|---|
| **酢酸**<br>$CH_3COOH$<br>無色<br>刺激臭<br>高純度（一般に96%以上）のものは氷酢酸と呼ばれる | 比重：1.05<br>融点：16.7℃<br>沸点：118℃<br>引火点：39℃<br>発火点：463℃<br>燃焼範囲：4.0～19.9vol%<br>蒸気比重：2.1<br>高純度のものは、約17℃以下になると凝固する<br>水、エタノール、ジエチルエーテル、ベンゼンによく溶ける<br>エタノールと反応して酢酸エチルを生じる<br>水溶液は弱酸性<br>食酢は３～5%の水溶液 | ・金属やコンクリートを腐食する<br>・腐食性は、高純度のものよりも水溶液のほうが強い<br>・皮膚を炎症させ、火傷を起こす<br>・濃い蒸気を吸入すると粘膜を刺激し炎症を起こす |
| **アクリル酸**<br>$CH_2 = CHCOOH$<br>無色<br>酢酸のような刺激臭 | 比重：1.06<br>融点：14℃<br>沸点：141℃<br>引火点：51℃<br>発火点：438℃<br>蒸気比重：2.45<br>水、ベンゼン、アルコール、クロロホルム、ジエチルエーテル、アセトンによく溶ける<br>非常に重合しやすい | ・強い腐食性を有する<br>・皮膚に触れると火傷を起こす<br>・濃い蒸気を吸入すると粘膜を刺激し炎症を起こす<br>・重合熱※が大きく、重合すると、発火、爆発のおそれがある |

※ 重合による反応熱のこと。

## 問題

**1** 灯油は、常温（20℃）付近では引火しない。

**2** 灯油は、ぼろ布にしみこんでいるときは自然発火するおそれがある。

**3** 灯油の発火点は、100℃よりも低い。

**4** 軽油は、主にストーブの燃料、溶剤などに用いられる。

**5** 軽油の沸点は、水よりも低い。

**6** 軽油は、本来は無色であるが、灯油などと区別するためにオレンジ色に着色されている。

**7** 灯油にガソリンを注入しても、混ざり合わずに分離する。

**8** 灯油と軽油は、ともに炭化水素の混合物である。

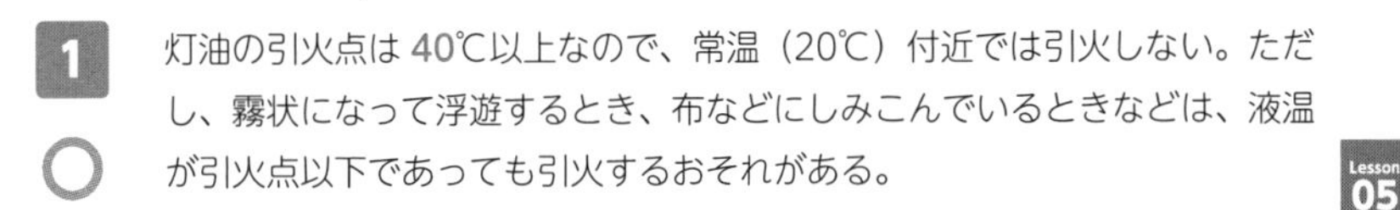

## 解答・解説

**1** ○

灯油の引火点は 40℃以上なので、常温（20℃）付近では引火しない。ただし、霧状になって浮遊するとき、布などにしみこんでいるときなどは、液温が引火点以下であっても引火するおそれがある。

**2** ×

灯油は、布などにしみこんでいるときなどは引火の危険性が増すが、自然発火することはない。ぼろ布にしみこんでいる場合に自然発火するおそれがあるのは、動植物油類の乾性油である（p.255 参照）。

**3** ×

灯油の発火点は、220℃である。

**4** ×

軽油は、主にディーゼル機関の燃料として用いられる。問題文の用途は、灯油に当てはまる。

**5** ×

軽油の沸点範囲は、170 ～ 370℃である。

**6** ×

軽油は、淡黄色または淡褐色の液体である。問題文の記述は、自動車ガソリンに当てはまる。

**7** ×

灯油とガソリンは、任意の割合で溶けて均一な溶液となる。溶液の引火点は灯油よりも低くなり、引火の危険性が増す。

**8** ○

灯油と軽油は、ともに、原油から分留される炭化水素の混合物である。

## 問題

**9** 第二石油類の引火点は、40℃以上である。

**10** 第二石油類は、すべて原油から分留される炭化水素の混合物である。

**11** 第二石油類は、すべて水に溶けない。

**12** 灯油の引火点は、40℃以上である。

**13** 灯油は、液温が常温（20℃）のときは蒸気を発生しない。

**14** 軽油の引火点は、30℃から 40℃の範囲内である。

**15** 軽油の蒸気は、空気よりも重い。

**16** 灯油と軽油は、いずれも電気の不良導体で、流動等により静電気を発生しやすい。

## 解答・解説

**9** ×

第二石油類は「灯油、軽油その他１気圧において引火点が21℃以上70℃未満のもの」と定義されている。

**10** ×

第二石油類は、原油から分留されるものだけではない。また、混合物だけでなく、化合物も含まれる。

**11** ×

第二石油類には、酢酸、アクリル酸など、水溶性のものもある。

**12** ○

灯油の引火点は、40℃以上である。したがって、常温（20℃）では引火しないが、液温が引火点以上になると、ガソリン同様の危険性がある。

**13** ×

液温が常温（20℃）のときも、灯油の液面からは可燃性の蒸気が発生している。ただし、常温では蒸気の濃度が燃焼範囲に達しないので、通常は、点火源があっても引火しない。

**14** ×

軽油の引火点は、45℃以上である。

**15** ○

軽油の蒸気比重は4.5で、蒸気は空気よりも重い。

**16** ○

灯油と軽油は、いずれも電気の不良導体で、流動等により静電気を発生しやすい。これは、第４類の危険物のほとんどに共通する性質である。

## 問題

**17** キシレンは、水によく溶ける。

**18** キシレンには、3 種類の異性体がある。

**19** キシレンの蒸気は、空気よりも軽い。

**20** キシレンは、常温（20℃）でも引火する。

**21** 酢酸は、無色無臭の液体である。

**22** 酢酸は、水よりも軽い液体である。

**23** 高純度の酢酸は、約 17℃で凝固する。

**24** アクリル酸の蒸気は、刺激臭があるが無毒である。

## 解答・解説

**17** ×

キシレンは、非水溶性の液体である。

**18** ○

キシレンは、ベンゼンの水素原子2個がメチル基（$CH_3$）に置き換えられた形の芳香族炭化水素で、オルトキシレン、メタキシレン、パラキシレンの3種類の異性体がある。

**19** ×

キシレンの蒸気比重は3.66で、空気よりも重い。なお、「すべての気体は同温、同圧のもとでは同体積中に同数の分子を含む」というアボガドロの法則から、異性体による蒸気比重の違いはない。

**20** ×

キシレンの引火点は、オルトキシレン33℃、メタキシレン28℃、パラキシレン27℃で、いずれも常温（20℃）では引火しない。

**21** ×

酢酸は無色の液体で、刺激臭を有する。

**22** ×

酢酸の比重は1.05で、水よりも重い液体である。

**23** ○

高純度の酢酸は氷酢酸と呼ばれ、約17℃以下になると凝固する。

**24** ×

アクリル酸の濃い蒸気を吸入すると、粘膜を刺激し炎症を起こす。

## 問題

**25** キシレンは、特有の臭気を有する無色の液体である。

**26** キシレンの沸点は、水よりも低い。

**27** 酢酸の水溶液は弱酸性で、腐食性を有する。

**28** 酢酸は、水に溶けるが、エタノール、ジエチルエーテルには溶けない。

**29** 酢酸は、常温（20℃）で引火する危険性がある。

**30** アクリル酸は、無臭の黄色い液体である。

**31** アクリル酸は、皮膚に触れると火傷を起こす。

**32** アクリル酸は重合しやすく、重合熱が大きいので、発火、爆発のおそれがある。

## 解答・解説

**25**
○
キシレンは、第一石油類のベンゼン、トルエンなどと同じ芳香族炭化水素の一種で、特有の臭気を有する無色の液体である。

**26**
×
キシレンの沸点は、オルトキシレン 144℃、メタキシレン 139℃、パラキシレン 138℃で、いずれも、沸点は水よりも高い。

**27**
○
酢酸の水溶液は弱酸性で、腐食性を有する。腐食性は、高純度の酢酸よりも、水溶液のほうが強い。

**28**
×
酢酸は、水、エタノール、ジエチルエーテル、ベンゼンによく溶ける。また、エタノールと反応して酢酸エチルを生じる。

**29**
×
酢酸の引火点は 39℃で、常温（20℃）では引火しない。

**30**
×
アクリル酸は、無色の液体で、酢酸のような刺激臭がある。

**31**
○
アクリル酸は、強い腐食性を有する有機酸で、皮膚に触れると火傷を起こす。

**32**
○
アクリル酸は重合しやすく、重合熱が大きいので、発火、爆発し、火災を起こすおそれがある。

# 第三石油類／第四石油類／動植物油類

## 第三石油類の定義

**第三石油類**とは、重油、クレオソート油その他1気圧において引火点が70℃以上200℃未満のものをいい、塗料類その他の物品であって、組成を勘案して総務省令で定めるものを除く。

## 第三石油類の主な物品（非水溶性）

| 物品名・形状等 | 性質 | 危険性・火災予防等 |
|---|---|---|
| **重油**<br>炭化水素の混合物<br>褐色または暗褐色<br>粘性がある | 比重：0.9～1.0（一般に水よりやや軽い）<br>沸点：300℃以上<br>引火点：60～150℃<br>発火点：250～380℃<br>原油の常圧蒸留により得られる<br>動粘度により、1種、2種、3種に分類される | ・不純物として含まれる硫黄は、燃焼すると有害な二酸化硫黄（亜硫酸ガス：$SO_2$）になる。<br>・加熱しないかぎり引火のおそれはないが、霧状になったものは引火点以下でも引火する<br>・火災になると液温が上昇し、消化が困難になる |

JIS（日本産業規格）による重油の引火点

| 種類 | 引火点 |
|---|---|
| 1種（A重油） | 60℃以上 |
| 2種（B重油） | |
| 3種（C重油） | 70℃以上 |

## 第三石油類の主な物品（水溶性）

| 物品名・形状等 | 性質 | 危険性・火災予防等 |
|---|---|---|
| **エチレングリコール**<br>$C_2H_4(OH)_2$<br>無色<br>甘味がある<br>粘性が大きい | 比重：1.1<br>沸点：197.9℃<br>引火点：111℃<br>発火点：398℃<br>蒸気比重：2.1<br>水、エタノールに溶ける<br>ガソリン、軽油、灯油、ベンゼン等には溶けない<br>ナトリウムと反応して水素を生じる<br>２価のアルコールである<br>エンジンの冷却装置に不凍液として用いられる | ・加熱しないかぎり引火のおそれはない |
| **グリセリン**<br>$C_3H_5(OH)_3$<br>無色<br>甘味がある<br>粘稠性（粘り気）がある | 比重：1.3<br>沸点：291℃（分解）<br>融点：18.1℃<br>引火点：199℃<br>発火点：370℃<br>蒸気比重：3.1<br>水、エタノールに溶ける<br>二硫化炭素、ガソリン、軽油、灯油、ベンゼン等には溶けない<br>ナトリウムと反応して水素を生じる<br>吸湿性を有する<br>ニトログリセリンの原料<br>３価のアルコールである | エチレングリコールと同様 |

## 第四石油類の定義

**第四石油類**とは、ギヤー油、シリンダー油その他１気圧において引火点が200℃以上250℃未満のものをいい、塗料類その他の物品であって、組成を勘案して総務省令で定めるものを除く。

第四石油類には、潤滑油や可塑剤として用いられるものが多い。潤滑油は、石油系潤滑油、合成潤滑油、脂肪油などに分類されるが、最も広く使用されているのは石油系潤滑油で、絶縁油、タービン油、マシン油、切削油などがある。可塑剤は、プラスチック、合成ゴム等に添加して可塑性を与えるものである。

第四石油類には、以下のような性質がある。

・一般に、水よりも軽い。
・水に溶けない。
・粘稠（ねんちょう）である（ねばねばしている）。
・揮発性は低い。
・酸、アルカリと反応する。
・引火点は高いが、いったん火災になると液温が上昇し、消火が困難になる。

**第四石油類の性質**

・第四石油類はギヤー油やシリンダー油
・粘り気のある液体
・引火点が200℃以上250℃未満

## 動植物油類の定義

**動植物油類**とは、動物の脂肉等または植物の種子もしくは果肉から抽出したものであって、１気圧において引火点が 250℃未満のものをいい、総務省令で定めるところにより貯蔵保管されているものを除く。

動植物油類には、以下のような性質がある。

- 比重は１よりも小さく、約 0.9 である。
- 水に溶けない。
- 一般に不飽和脂肪酸を含む。
- 引火点は高いが、いったん火災になると液温が上昇し、消火が困難になる。
- 布などにしみこんだものは、酸化により発熱し、その熱が蓄積されて自然発火するおそれがある。
- 自然発火しやすいのは、乾性油と呼ばれる、アマニ油、キリ油など。

動植物油類の自然発火とヨウ素価

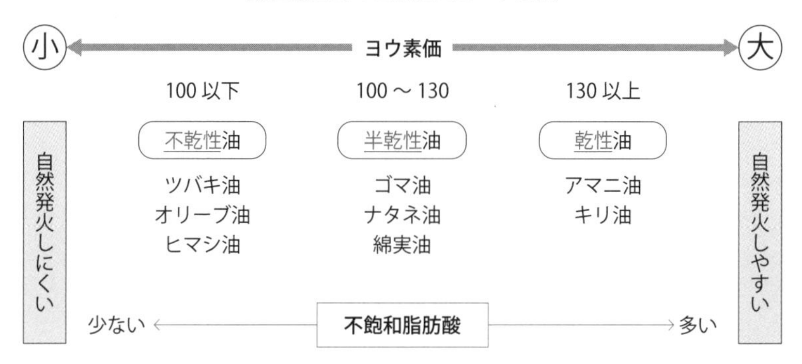

## 問題

**1** 重油は、一般に水よりも重い。

**2** 重油は、褐色または暗褐色の液体である。

**3** 3種重油（C重油）の引火点は、60℃以上である。

**4** 重油に不純物として含まれる硫黄は、燃焼すると有害なガスを生じる。

**5** エチレングリコールの引火点は、100℃以下である。

**6** エチレングリコールは、水に溶けない。

**7** グリセリンの比重は、1よりも大きい。

**8** グリセリンは、2価のアルコールである。

## 解答・解説

**1**

×

重油は、一般に水よりもやや軽い。

**2**

○

重油は、褐色または暗褐色の粘性のある液体である。

**3**

×

３種重油（C 重油）の引火点は、70℃以上である。

**4**

○

重油に不純物として含まれる硫黄は、燃焼すると有害な二酸化硫黄（亜硫酸ガス：$SO_2$）になる。

**5**

×

エチレングリコールの引火点は、111℃である。

**6**

×

エチレングリコールは、水、エタノールに溶ける。

**7**

○

グリセリンの比重は、1.3 である。

**8**

×

グリセリンは、３価のアルコールである。

## 問題

**9** 重油の発火点は、100℃よりも低い。

**10** 重油は、水に溶けない。

**11** 重油の引火点は、種類により異なる。

**12** エチレングリコールは、無色の液体で、水よりも軽い。

**13** エチレングリコールは、水、エタノールに溶け、ガソリン、軽油、灯油、ベンゼンにも溶ける。

**14** エチレングリコールは、不凍液として用いられる。

**15** グリセリンは、水、エタノールに溶け、ガソリン、軽油にも溶ける。

**16** グリセリンは、吸湿性を有する。

## 解答・解説

**9** ×

重油の発火点は、250 〜 380℃である。

**10** ○

重油は、非水溶性の液体である。

**11** ○

重油は、動粘度により、１種（A 重油）、２種（B 重油）、３種（C 重油）に分類されており、JIS（日本産業規格）により、１種、２種は引火点 60℃以上、３種は引火点 70℃以上と規定されている。

**12** ×

エチレングリコールは、無色の液体で、比重は 1.1 と水よりも重い。

**13** ×

エチレングリコールは、水、エタノールに溶けるが、ガソリン、軽油、灯油、ベンゼン等には溶けない。

**14** ○

エチレングリコールは、エンジンの冷却装置に不凍液として用いられる。

**15** ×

グリセリンは、水、エタノールに溶けるが、ガソリン、軽油には溶けない。

**16** ○

グリセリンは、吸湿性を有することから、保湿剤などに用いられている。

## 問題

**17** 第四石油類の引火点は、70℃以上 200℃未満である。

**18** 第四石油類は、いずれも揮発しやすい液体である。

**19** 第四石油類は、いったん火災になると液温が上昇し、消火が困難になる。

**20** 第四石油類は、一般に水より軽い。

**21** 動植物油類の引火点は、300℃程度である。

**22** 動植物油類は、水によく溶ける。

**23** 動植物油類では、乾性油よりも不乾性油のほうが自然発火しやすい。

**24** 動植物油類は、ヨウ素価が大きいものほど自然発火しやすい。

## 解答・解説

**17**

第四石油類の引火点は、200℃以上 250℃未満である。

**18**

第四石油類は、揮発性は低い。

**19**

第四石油類は、引火点は高いが、いったん火災になると液温が上昇し、消火が困難になる。

○

**20**

第四石油類は、一般に水より軽い液体である。

**21**

動植物油類の引火点は、250℃未満である。

**22**

動植物油類は、水に溶けない。

**23**

動植物油類では、不飽和脂肪酸を多く含む乾性油が自然発火しやすい。

**24**

動植物油類は、ヨウ素価が大きいものほど自然発火しやすい。

## 問題

**25** 第四石油類には、潤滑油として使用されるものが多く見られる。

**26** 第四石油類には、可塑剤として使用されるものが多く見られる。

**27** 第四石油類の火災には、粉末消火剤の放射による消火が有効である。

**28** 第四石油類の火災には、泡消火剤の放射による消火は効果がない。

**29** 動植物油類は、一般に、不飽和脂肪酸を含む。

**30** ツバキ油、オリーブ油、ヒマシ油は、いずれも乾性油である。

**31** 動植物油類は、布などにしみこんだときに自然発火しやすくなる。

**32** 動植物油類の火災には、注水による消火が有効である。

## 解答・解説

**25** ○

潤滑油は、石油系潤滑油、合成潤滑油、脂肪油などに分類されるが、最も広く使用されているのは石油系潤滑油で、絶縁油、タービン油、マシン油、切削油などがある。

**26** ○

可塑剤は、プラスチック、合成ゴム等に添加して可塑性（固体に外力を加えて変形させたのちに、外力を除いても元に戻らない性質）を与えるものである。

**27** ○

粉末消火剤の放射による消火は、第４類の危険物の火災に対して有効である。

**28** ×

泡消火剤の放射による消火は、第４類の危険物の火災に対して有効である。

**29** ○

動植物油類のなかでも、不飽和脂肪酸を多く含むものを乾性油という。

**30** ×

ツバキ油、オリーブ油、ヒマシ油は、不乾性油である。乾性油には、アマニ油、キリ油などが含まれる。

**31** ○

布などにしみこんだものは、酸化により発熱し、その熱が蓄積されて自然発火するおそれがある。

**32** ×

一般に、第４類の危険物の火災には注水による消火は適さない。とくに、動植物油類のように引火点の高い危険物は、燃焼時には液温が高くなっているので、注水すると水の急激な蒸発により油が飛散し、危険である。

## 問題

**33** 軽油、灯油、重油は、この順に引火点が低い。

**34** エタノール、ガソリン、ギヤー油、灯油は、この順に引火点が低い。

**35** ガソリン、エタノール、灯油は、いずれも常温（20℃）で引火する。

**36** 灯油、軽油は水よりも軽く、重油は水よりも重い。

**37** 第４類の危険物には、比重が１よりも大きいものはない。

**38** 二硫化炭素、トルエンは、ともに水に溶けない。

**39** アセトン、メタノールは、ともに水に溶ける。

**40** 第三石油類は、すべて水に溶けない。

## 解答・解説

**33** ×

引火点が低い順に並べると、**灯油**、**軽油**、**重油**となる。

**34** ×

引火点が低い順に並べると、**ガソリン**、**エタノール**、**灯油**、**ギヤー油**となる。

**35** ×

ガソリン（自動車用ガソリン）の引火点は－ **40℃以下**、エタノールの引火点は **13℃**で、ともに常温（20℃）で引火するが、灯油の引火点は **40℃以上**で、常温では引火しない。

**36** ×

灯油、軽油は水よりも軽く、重油も一般に水より**やや軽い**。

**37** ×

第４類の危険物のほとんどは比重が１よりも**小さい**が、**二硫化炭素**（比重 1.3）、**酢酸**（比重 1.05）のように、比重が１よりも**大きい**ものもある。

**38** ○

二硫化炭素（特殊引火物）、トルエン（第一石油類）は、ともに水に**溶けない**。

**39** ○

アセトン（第一石油類）、メタノール（アルコール類）は、ともに水に**溶ける**。

**40** ×

第三石油類には、重油、クレオソート油など**非水溶性**のものと、エチレングリコール、グリセリンなど**水溶性**のものがある。

# 事故事例と対策

## 第4類の危険物の取扱いにおける事故事例と対策

### 事故事例1

給油取扱所で、固定給油設備の前面カバーを取り外して点検したところ、地下貯蔵タンクの送油管と固定給油設備の接続部付近からガソリンがにじみ出ていた。

⇒定期的に前面カバーを取り外し、ポンプや配管を点検する。
⇒ポンプや配管の一部に著しく油ごみ等が付着する場合は、その付近に危険物の漏れの疑いがある。
⇒固定給油設備のポンプ周囲及びピット内は、点検しやすいように常に清掃しておく。
⇒給油中は危険物の吐出状態を監視し、ノズルから空気を吐き出していないか確認する。

### 事故事例2

複数のタンクを有する地下タンク貯蔵所で、荷卸しとして移動タンク貯蔵所から軽油を注入する際に、作業員が誤って別のタンクに危険物を注入したために、タンクの計量口から軽油が流出した。

⇒荷卸し作業は、受入れ側、荷卸し側双方の立会いのもとに行う。
⇒注入するタンクの残油量と移動貯蔵タンクの荷卸量を確認する。
⇒注入ホースを結合する際に、タンクの注入口は間違いないか確認する。
⇒地下タンクの計量口は、計量するとき以外は閉鎖しておく。

### 事故事例３

> 軽トラックの荷台に灯油18L入りポリエチレン容器10個を、エレファントノズルを付けて密栓せずに積載し、運搬したところ、交差点で乗用車と衝突し、その衝撃により灯油が荷台から道路上に流出した。

⇒運搬容器は基準に適合した物を使用し、必ず密栓する。

⇒運搬容器が転倒、破損しないよう防止措置を講じて積載する。

⇒運搬容器は、収納口を上方に向けて積載する。

⇒運転手は安全運転を心掛ける。

### 事故事例４

> 顧客に自ら給油等をさせる給油取扱所において、顧客が自動車に給油するために燃料タンク給油口キャップを緩めた際に、噴出したガソリンの蒸気に静電気が放電したことにより引火し、火災が起きた。

⇒顧客用固定給油設備等のホース及びノズルの導通を良好に保つ。

⇒給油口キャップを緩める前に、静電気除去シートに触れる（接地された金属に触れてもよい）。

⇒顧客用固定給油設備等のホース機器等の直近及び見やすい場所に、静電気除去に関する事項を表示する。

⇒給油取扱所の従業員等は、帯電防止服及び帯電防止靴を着用する。

⇒地盤面に適時散水を行い、人体等に帯電している静電気を逃がしやすくする。

## 問題

**1** 給油取扱所の固定給油設備のポンプや配管の一部に著しく油ごみ等が付着している場合は、その付近に危険物の漏れの疑いがある。

**2** 給油取扱所の固定給油設備からの危険物の流出防止対策として、固定給油設備の下部ピットをアスファルトで被覆し、危険物が地下に浸透しないようにした。

**3** 荷卸しとして移動タンク貯蔵所から給油取扱所の地下専用タンクにガソリンを注入する際に、移動タンク貯蔵所と給油取扱所双方の危険物取扱者が立会って作業を行った。

**4** 荷卸しとして移動タンク貯蔵所から給油取扱所の地下専用タンクにガソリンを注入する際は、常にガソリンの注入量を確認できるように、地下専用タンクの計量口を開放しておく。

**5** 容器に収納した危険物をトラックで運搬する際は、運搬容器を必ず密栓する。

**6** 容器に収納した危険物をトラックで運搬する際は、転倒防止のために、容器をすき間なく横積みにして積載する。

**7** 給油取扱所においては、静電気の放電による火災を防ぐために、地盤面に適時散水を行う。

**8** 顧客に自ら給油等をさせる給油取扱所において、顧客が自動車に給油する際は、静電気の放電による火災を防ぐために、自動車の給油口キャップを開放する前は金属等に触れないようにする。

## 解答・解説

**1** ○

給油取扱所の固定給油設備のポンプや配管の一部に著しく油ごみ等が付着している場合は、その付近に危険物の**漏れ**の疑いがあるので、重点的に点検を行う。

**2** ×

アスファルトはガソリンや軽油に**溶ける**ので、漏れた危険物が地下に浸透するおそれがある。

**3** ○

荷卸し作業は、受入れ側、荷卸し側双方の**立会い**のもとに行う。

**4** ×

地下貯蔵タンクの計量口は、計量を行うとき以外は**閉鎖**しておかなければならない。計量口を開放しておくと、危険物の蒸気が排出されるので危険である。

**5** ○

運搬容器は基準に適合した物を使用し、必ず**密栓**する。

**6** ×

運搬容器は、収納口を**上方**に向けて積載する。

**7** ○

地盤面に適時**散水**を行い、人体等に帯電している**静電気**を逃がしやすくする。

**8** ×

顧客に自ら給油等をさせる給油取扱所において、顧客が自動車に給油する際は、給油口キャップを緩める前に、**静電気除去シート**に触れる（接地された**金属**に触れても同様の効果がある）。

# ゴロ合わせで覚えよう！

➡ p.210

## 第４類の危険物に共通する性質

**夜の駅は、**
（第４類）（液比重）

**だいたい明るい。**
（多くのものが）（水より軽い）

**夜、上機嫌な人は、みな重い**
（第４類）（蒸気比重）　（空気より重い）

第４類の危険物は、すべて蒸気比重が１よりも大きく（空気よりも重く）、液比重は、１よりも小さい（水よりも軽い）ものが多い。

➡ p.211

## 第４類の危険物の火災に適応する消火剤

**今日解禁の**
（強化液）

**ボージョレヌーボーは**
（棒状）

**飲んじゃダメだよ！**
（適応しない）（第４類）

強化液消火剤は、棒状に放射する場合は、第４類の危険物の火災には適応しない（霧状に放射する場合は適応する）。

➡ p.217

## 二硫化炭素の貯蔵方法

**煮るか？ タン塩、**
（二硫化）　（炭素）

**水に入れて**
（水没させて貯蔵）

二硫化炭素は水より重く、水に溶けないので、容器等に水を張って貯蔵し、蒸気の発生を抑える。または、水没させたタンクに貯蔵する。

➡ p.235

### メタノール、エタノールの性質

**滅多に会わない、**
（メタノール）

**毒舌の友から得たのは、**
（毒性）　　　　（エタノール）

**まずいメシ**
（麻酔性）

メタノールには毒性があるが、エタノールには毒性はなく、麻酔性がある。

➡ p.252

### 重油の引火点

**えーっ！？自由すぎ！**
（A）　　　（重油）

**美女も　　驚く柔道**
（B 重油も）　（60℃）

A 重油、B 重油の引火点は 60℃以上、C 重油は 70℃以上である。

➡ p.255

### 動植物油類の性質

**完成してみると、**
（乾性油）

**予想外に大きかった…**
（ヨウ素価）（大きい）

乾性油はヨウ素価が大きく、不飽和脂肪酸を多く含み、酸化されやすく、動植物油類では最も自然発火しやすい。

本書の正誤情報や法改正情報等は、下記のアドレスでご確認ください。
http://www.s-henshu.info/o4kii2304/

上記掲載以外の箇所で正誤についてお気づきの場合は、**書名・発行日・質問事項（該当ページ・行数・問題番号**などと**誤りだと思う理由）・氏名・連絡先**を明記のうえ、お問い合わせください。

・web からのお問い合わせ：上記アドレス内【正誤情報】へ
・郵便または FAX でのお問い合わせ：下記住所または FAX 番号へ

**※電話でのお問い合わせはお受けできません。**


［宛先］コンデックス情報研究所
『乙種第４類危険物取扱者一問一答問題集』係
住　所：〒359-0042　所沢市並木 3-1-9
FAX 番号：04-2995-4362（10:00 ～ 17:00　土日祝日を除く）


※**本書の正誤以外に関するご質問にはお答えいたしかねます。**また受験指導などは行っておりません。
※ご質問の受付期限は、各試験日の 10 日前必着といたします。
※回答日時の指定はできません。また、ご質問の内容によっては回答まで 10 日前後お時間をいただく場合があります。
あらかじめご了承ください。

**編著：コンデックス情報研究所**
1990 年 6 月設立。法律・福祉・技術・教育分野において、書籍の企画・執筆・編集、大学および通信教育機関との共同教材開発を行っている研究者・実務家・編集者のグループ。


乙種第4類危険物取扱者一問一答問題集

2023年 6 月30日発行

編　著　コンデックス情報研究所
発行者　深見公子
発行所　成美堂出版
〒162-8445　東京都新宿区新小川町1-7
電話(03)5206-8151　FAX(03)5206-8159
印　刷　大盛印刷株式会社





ISBN978-4-415-23694-0
落丁·乱丁などの不良本はお取り替えします
定価はカバーに表示してあります